图1 山药种苗大田繁育

图2 丹参种苗大田繁育

图 3　黄精种苗大棚繁育

图 4　石斛种苗组培繁育

图 5　连翘种苗扦插繁育

常见中药材种植模式

图1　半夏大棚栽培

图2　半夏—玉米套种栽培

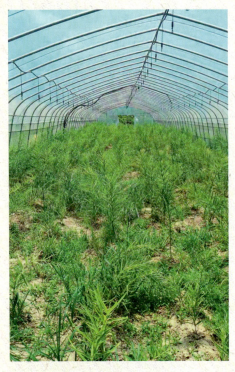

图3 黄精大棚栽培 　　　　图4 黄精林下栽培

图5 黄精—玉米套种栽培

图 6　石斛设施栽培

图 7　艾草大田栽培

图 8　铁棍山药高架起垄栽培

图 9　铁棍山药—红薯间作栽培

图 10　柴胡仿野生栽培

图 11　连翘仿野生栽培

常见中药材病害

图1 射干叶斑病

图2 玄参黑斑病

图3 艾茎基腐病

图4 金银花根腐病

常见中药材虫害

图1　根结线虫

图2　棉铃虫

图3　劳氏黏虫

图4　甜菜夜蛾

图5　绿盲蝽

图6　中黑盲蝽

图7　三点盲蝽

图8　红蜘蛛

图9　暗黑鳃金龟

图 10　铜绿丽金龟

图 11　蝼蛄

图 12　叶甲

图 13　甘薯天蛾

图 14　雀纹天蛾

图 15　霜天蛾

图 16　蚜虫

图 17　叶蝉

常见中药材草害

图1 马齿苋

图2 大蓟

图3 狗尾草

图4 荠菜

图5 老鹳草

图6 马泡瓜

图7　泥胡菜

图8　苘麻

图9　菟丝子

图10　铁苋菜

图11　委陵菜

图12　鸭跖草

图13　异型莎草

图14　马唐

中药材收获及仓储

图1　艾仓储

图2　半夏人工收获

图3　地黄机械化收获

图4　怀菊花仓储

图5　根茎类药材收获机

图6　红花机械采收

图7　红花人工采收

图 8　山药仓储

图 9　铁棍山药采挖

中药材加工

图1　黄芪人工切制

图2　金银花热风干燥

图3　九蒸九制地黄晾晒

图4　药材机械化切制

图5　药材清洗

图6　中药提取物生产线

中药材种植知识问答

腊贵晓　杨铁钢 主编

中原农民出版社

· 郑州 ·

图书在版编目（CIP）数据

中药材种植知识问答 / 腊贵晓，杨铁钢主编.
郑州：中原农民出版社，2025. 3. -- ISBN 978-7-5542-3185-2

Ⅰ. S567-44

中国国家版本馆CIP数据核字第20253TG981号

中药材种植知识问答
ZHONGYAOCAI ZHONGZHI ZHISHI WENDA

出 版 人：刘宏伟		责任校对：丁　莹	
策划编辑：谢珊珊		责任印制：孙　瑞	
责任编辑：谢珊珊		装帧设计：薛　莲	

出版发行：中原农民出版社

　　　　　地址：河南自贸试验区郑州片区（郑东）祥盛街 27 号 7 层

　　　　　电话：0371-65713859（发行部）　0371-65788879（医卫编辑部）

经　　销：全国新华书店

印　　刷：河南省环发印务有限公司

开　　本：710 mm × 1010 mm　　1/16

印　　张：10.5

插　　页：16

字　　数：154 千字

版　　次：2025 年 3 月第 1 版

印　　次：2025 年 3 月第 1 次印刷

定　　价：58.00 元

如发现印装质量问题，影响阅读，请与出版社联系调换。

编委会

内容提要

　　《中药材种植知识问答》是由国家中药材产业技术体系、河南省中药材产业技术体系、河南省农业科学院、河南中医药大学、南阳市科学院、河南省药品审评查验中心等相关单位的专家在对中药材种植技术普及中常见问题的总结、归纳和分析的基础上，合作编撰而成。本书通过一问一答的形式，全面、系统地介绍中药材种植中常见的政策法规、适宜品种、种苗繁育、植物保护等知识，对于指导中药材种植具有重要的意义。

　　《中药材种植知识问答》可供中药材生产、经营、使用、监督、检验、教学和科研等领域的广大中医药从业人员参考，也可供中医药爱好者阅览。

前　言

　　中药材是中医药发展的重要物质基础，其产量和质量直接关系到中医药产业的可持续发展。近年来随着人们健康意识的不断增强和对中医药疗效认可度的不断提高，中药材的需求量不断增加，野生资源已经远不能满足当前的需求，中药材种植已成为保护野生资源、保障药材供应、满足中医药产业发展需求的重要途径。同时，中药材作为一种经济价值较高的特用经济作物，其在促进农村经济发展、推动乡村振兴等方面起到了重要的作用。尤其是近两年，很多中药材价格暴涨，种植户种植中药材的热情空前高涨。近一两年咨询中药材种植、寻求中药材种植技术支持的种植户是五年前的几十倍，但大多数咨询者缺乏中药材种植经验，对中药材种植的常识性问题一知半解。鉴于此种情况，有必要针对种植户们关心的问题编著一本书，让种植户们能够对中药材种植的相关常识有所了解，对中药材产业形势有初步认识，尽量避免走弯路。

　　为此，我们组织了国家中药材产业技术体系、河南省中药材产业技术体系、河南省农业科学院、河南中医药大学、南阳市科学院等单位的从事中药材种子种苗、栽培技术、病虫害防治、产地加工、质量评价、综合利用等方面研究的专家，结合各自专业特长，针对中药材种植中的常识性问题进行总结归纳，整理出版了《中药材种植知识问答》这本书。本书采取一问一答的形式，力求语言通俗，浅显易懂；并且在书中对部分术语或药名采用了一些生产上惯用的称呼，如完整的中药材涵盖植物、动物、矿物，涉及种植、养殖，而人们生产上常说的"中药材""中药材种植"其实分别指的是"药用植物""药用植物种植"。但为了使本书在实际生产中更容易被理解接受，书中沿用了"中药材""中药材种植"这个表达。期待本书的出版能够为中药材种植提供一个切实可行的参考和技术支持。

本书的出版得到了国家现代农业产业技术体系（CARS-21）、河南省现代农业产业技术体系（HARS-22-11-G2）、河南省农业科学院院县共建现代农业科技综合示范县（卢氏）等项目的基金支持。

尽管本书编撰过程中每一位作者均兢兢业业、认真负责，但囿于精力和水平有限，再加上中药材种类多、生产环节多、生产方式多样、相关的标准也在不断修改和完善等，本书难免有不足和遗漏之处，敬请读者批评指正。

编者

2025 年 1 月

目 录

五　中药材的采收、加工与储藏

六

其他

一

中药材种植的
基本知识

❶ 什么是中药材？

中药材，即我国中医药中所用中药的原材料，是指经过产地初加工但未经过炮制的中药原料。中药材包括植物类药材、动物类药材和矿物类药材。根据第四次全国中药资源普查统计，我国共有中药资源 18 817 种（包含其他少数民族用药），用于中药饮片和中成药的中药材有 1 000 种左右，其中植物类药材 800~900 种，动物类药材 100 多种，矿物类药材 70~80 种。

由于植物类药材在中药材中占据大部分，也是最常见的中药材种类，因此，日常所说的"中药材种植"主要指植物类药材的种植。

❷ 目前中药材分为哪些种类？

目前常见的中药材分类方法主要有药用部位分类法、功效分类法和产地分类法。

药用部位分类法是在将中药材分为植物类药材、动物类药材和矿物类药材的基础上，再根据其药用部位进行二次分类。例如植物类药材可以分为根及根茎类、茎木类、皮类、叶类、花类、果实种子类、全草类、藻菌地衣类、树脂类和其他类 10 大类。

功效分类法主要是根据中药自身的功能对中药材进行分类，一般情况下分为 21 个大类，包括解表药、清热药、泻下药、祛风湿药、化湿药、利水渗湿药、温里药、理气药、消食药、驱虫药、止血药、活血化瘀药、化痰止咳平喘药、安神药、平肝息风药、开窍药、补虚药、收涩药、涌吐药、攻毒杀虫止痒药、拔毒化腐生肌药。

产地分类法主要是根据药材的产地或经营地分类。目前我国主要有 28 个以省份或者直辖市命名的中药材产区，如河南产中药材，其中最出名的就是四大怀药（怀山药、怀地黄、怀菊花、怀牛膝）；宁夏产中药材，其中以枸杞最为出名。

③ 道地药材指的是什么？

　　道地药材，又称地道药材，是指经过中医临床长期应用优选出来的，产在特定地域、具有较高知名度的药材，与其他地区所产同种中药材相比，品质和疗效更好，且质量稳定。具体是指在特定自然条件或生态环境下生产的优质药材，且生产较为集中，栽培技术、采收加工也有自身特点，品质与疗效为世人所公认，久负盛名。这些药材具有历史悠久、产地适宜、品种优良、储量丰富、炮制考究、疗效显著和地域性强等特点。目前很多道地药材都冠以地名，以示其道地产区，如四大怀药、南阳艾、密银花、禹白芷等。

　　道地药材是在漫长的历史实践中逐渐形成的，其不仅仅是自然的产物，也是科学技术与生产力发展的结晶，是优良的品种、得天独厚的生态环境、独到的栽培与采收加工技术等多种因素共同作用的结果。

④ 道地药材如何认定？河南省有哪些道地药材？

　　目前我国还没有从国家层面出台统一的道地药材认定标准或办法。2020年中国中医科学院院长黄璐琦牵头，10余所科研、教学、监管、企业等单位共同起草的《道地药材标准汇编》，发布了道地药材标准编制通则及156项道地药材标准。在标准的引导下，各地纷纷开始制定本省的道地药材目录。2021年，山东省制定了《山东省道地药材和特色药材认定办法》(以下简称《办法》)。《办法》规定，认定为"山东省道地药材"的中药材需要满足以下5项条件：被《中华人民共和国药典》或《山东省中药材标准》收载；在山东省行政区划范围内有资源分布或有一定种植、养殖、加工规模；药用历史较为悠久，在中华人民共和国成立之前的医药文献或地方史志中有记载；药材品质优良，得到国内中医药界公认，并享有较高知名度；现今流通药材基源或加工工艺与文献记载一致。根据这些条件，山东省发布了道地药材名录，收录丹参、瓜蒌、红花等80种中药材。贵州、广西、湖南、黑龙江、浙江、河北、河南等省份陆续发布了本省的道地药材认定办法及本省的道地药材目录，我国认证的道地药材种类不断增加。

河南省是道地药材主产区，道地药材资源丰富。怀地黄、怀牛膝、怀山药、怀菊花、禹白附、千金子、卫红花、密银花和封丘金银花、旋覆花、鬼箭羽、禹州漏芦、卢氏连翘、茜草、禹南星、商陆、刺蒺藜、斑蝥、全蝎、禹余粮、山茱萸、辛夷、丹参、禹白芷、柴胡、半夏、栀子、何首乌、天花粉等道地药材享誉全国。2024年2月，按照河南省中医药工作领导小组安排，河南省农业农村厅组织有关部门、专家制定了《河南省道地药材目录（第一批）》，共有艾叶、山药、怀地黄、连翘等50种药材入选（见附录3）。接下来，将陆续根据专家论证结果，发布河南省道地药材目录，指导河南省中药材产业发展。

⑤ 中药材种植的意义有哪些？

由于中医药日益受到世界各国的认可和重视，中药材的需求量不断增加，主要依靠野生资源的传统供给模式导致野生资源迅速枯竭，甚至绝迹，严重影响中医药产业的可持续发展。

因地制宜，发展中药材种植，有以下重要的意义：①满足中医药产业的用药需求。中药材是中医药事业传承和发展的物质基础，随着中医药产业的发展，中药材的需求量不断增加，野生中药材已经不能满足当前人们的需求，通过人工种植中药材能够弥补野生中药材的不足，确保中药材的供应稳定和质量可控。②保障药材品质。通过对人工种植种源、栽培措施、产地初加工等环节的规范化，能有效地保障中药材的品质。③促进农村经济发展。中药材属于特用经济作物，发展中药材种植，可以带动农民增收致富，促进农村地区产业结构调整和产业转型升级，推动乡村振兴战略的实施。④促进生态环境和野生资源的保护。中药材种植能显著降低对野生中药材资源的破坏，进而促进当地生态环境的保护和恢复。

⑥ 我们常说的药食同源类中药材具体指什么？有哪些种类？河南适宜发展的种类有哪些？

药食同源类中药材，即既可作为药材用于医药领域，也可作为食材用于烹饪和食品加工的中药材。

药食同源类中药材应当符合下列要求：①有传统作为食品食用的习惯。②已经列入《中华人民共和国药典》。③安全性评估未发现食品安全问题。④符合中药材资源保护、野生动植物保护、生态保护等相关法律法规规定。

截至 2024 年 8 月底，国家卫生健康委共公布了 114 种药食同源类中药材，分别是：丁香、八角茴香、刀豆、小茴香、小蓟、山药、山楂、马齿苋、牡蛎、乌梢蛇、乌梅、木瓜、火麻仁、代代花、玉竹、甘草、白芷、白果、白扁豆、白扁豆花、龙眼肉（桂圆）、决明子、百合、肉豆蔻、肉桂、余甘子、佛手、杏仁、沙棘、芡实、花椒、赤小豆、阿胶、鸡内金、麦芽、昆布、枣（大枣、黑枣、酸枣）、罗汉果、郁李仁、金银花、青果、鱼腥草、姜（生姜、干姜）、枳椇子、枸杞子、栀子、砂仁、胖大海、茯苓、香橼、香薷、桃仁、桑叶、桑椹、橘红、桔梗、益智仁、荷叶、莱菔子、莲子、高良姜、淡竹叶、淡豆豉、菊花、菊苣、黄芥子、黄精、紫苏、紫苏子、葛根、黑芝麻、黑胡椒、槐花、槐米、蒲公英、蜂蜜、榧子、酸枣仁、白茅根、芦根、蕲蛇、陈皮、薄荷、薏苡仁、薤白、覆盆子、藿香、人参（5 年及 5 年以下人工种植的人参）、山银花、芫荽、玫瑰花、松花粉、粉葛、布渣叶、夏枯草、当归、山奈、西红花、草果、姜黄、荜茇、党参、肉苁蓉、铁皮石斛、西洋参、黄芪、灵芝、天麻、山茱萸、杜仲叶、地黄、麦冬、天冬、化橘红。

在河南适宜发展的药食同源类中药材有小茴香、小蓟、山药、山楂、马齿苋、乌梅、木瓜、火麻仁、玉竹、白芷、白果、白扁豆、白扁豆花、决明子、百合、杏仁、芡实、花椒、赤小豆、麦芽、枣（大枣、黑枣、酸枣）、郁李仁、金银花、鱼腥草、姜（生姜、干姜）、栀子、茯苓、桃仁、桑叶、桑椹、桔梗、荷叶、莱菔子、莲子、淡豆豉、菊花、菊苣、黄芥子、黄精、紫苏、紫苏子、葛根、黑芝麻、槐花、槐米、蒲公英、酸枣仁、白茅根、芦根、陈皮、薄荷、薏苡仁、薤白、覆盆子、藿香、乌梢蛇、阿胶、鸡内金、蜂蜜、蕲蛇、芫荽、玫瑰花、夏枯草、西红花、铁皮石斛、灵芝、天麻、山茱萸、杜仲叶、地黄。

❼ 目前未进入药食同源目录的中药材，怎么申请增补进入？

2021 年 11 月 15 日，《按照传统既是食品又是中药材的物质目录管理规定》（以下简称《规定》）实施，其中一些条款专门对修订或者增补药食同源目录做了规定。

《规定》第六条规定，省级卫生健康行政部门结合本辖区情况，向国家卫生健康委提出修订或增补食药物质目录的建议，同时提供下列材料：①物质的基本信息（中文名、拉丁学名、所属科名、食用部位等）。②传统作为食品的证明材料（证明已有 30 年以上作为食品食用的历史）。③加工和食用方法等资料。④安全性评估资料。⑤执行的质量规格和食品安全指标。

《规定》第八条规定，国家卫生健康委委托技术机构负责食药物质目录修订的技术审查等工作。委托的技术机构负责组织相关领域的专家，开展食药物质食品安全风险评估、社会稳定风险评估等工作，形成综合评估意见。市场监管部门根据工作需要，可指派专家参与开展食药物质食品安全风险评估、社会稳定风险评估工作。根据工作需要，委托的技术机构可以组织专家现场调研、核查，也可以采取招标、委托等方式选择具有技术能力的单位承担相关研究论证工作。

《规定》第九条规定，国家卫生健康委对技术机构报送的综合评估意见进行审核，将符合本规定要求的物质纳入食药物质目录，会同市场监管总局予以公布。公布的食药物质目录应当包括中文名、拉丁学名、所属科名、可食用部位等信息。

8 不能作普通食品但可作保健食品原料的中药材有哪些？河南适合发展的有哪些？

不能作普通食品但可作保健食品原料的中药材有人参、人参叶、人参果、三七、土茯苓、大蓟、女贞子、川牛膝、川贝母、川芎、马鹿胎、马鹿茸、马鹿骨、丹参、五加皮、五味子、升麻、天冬、太子参、巴戟天、木香、木贼、牛蒡子、牛蒡根、车前子、车前草、北沙参、平贝母、玄参、生地黄、生何首乌、白及、白术、白芍、白豆蔻、石决明、石斛、地骨皮、竹茹、红花、红景天、吴茱萸、怀牛膝、杜仲、沙苑子、牡丹皮、芦荟、苍术、补骨脂、诃子、赤芍、远志、麦冬、龟甲、佩兰、侧柏叶、制大黄、制何首乌、刺五加、刺玫果、泽兰、泽泻、玫瑰花、玫瑰茄、知母、罗布麻、苦丁茶、金荞麦、金樱子、青皮、厚朴花、姜黄、枳壳、枳实、柏子仁、珍珠、绞股蓝、胡芦巴、茜草、荜茇、韭菜子、首乌藤、香附、骨碎补、桑白皮、桑枝、浙贝母、益母草、积雪草、淫羊藿、菟丝子、野菊花、银杏叶、湖北贝母、番泻叶、蛤蚧、越橘、槐角、蒲黄、刺蒺藜、蜂胶、酸角、墨旱莲、熟大黄、熟地黄、鳖甲。

适合在河南发展的品种有大蓟、女贞子、丹参、天冬、太子参、车前草、玄参、生地黄、生何首乌、白及、白术、白芍、石斛、红花、怀牛膝、杜仲、沙苑子、牡丹皮、苍术、补骨脂、远志、侧柏叶、制何首乌、刺玫果、泽兰、金樱子、厚朴花、柏子仁、胡芦巴、茜草、韭菜子、首乌藤、香附、桑白皮、桑枝、益母草、淫羊藿、菟丝子、野菊花、银杏叶、槐角、刺蒺藜、蜂胶、熟大黄、熟地黄等。

⑨ 河南省发展中药材产业有哪些优势？

河南省在发展中药材产业方面有诸多优势，主要体现在以下七个方面：①生态区位优势。河南省地处国际最具生态竞争力的北纬30~35度世界植物资源"黄金圈"，兼具南北气候优势，位于"南药北移"和"北药南栽"的过渡性区域。②中药材资源丰富。河南是世界级优质植物资源和中药材资源汇聚的宝藏之地。根据河南省第四次中药资源普查（试点）不完全统计，河南中药材种类有2 700种以上；有蕴藏量的种类236种，栽培品种99种。③传统中药文化底蕴深厚。河南名医辈出，这里是"医圣"张仲景的故乡，60%以上的全国历代名医出自河南；河南典籍荟萃，至今存世的有近百种，《黄帝内经》《伤寒杂病论》等医学经典的主创区均在河南。④科技支撑优势。河南省拥有中医药相关的大学、研究院、研究所等20余所，研究范围涵盖道地资源、种子种苗、规范化种植、炮制工艺、深加工等模块。河南省还设立了河南省中药材产业技术体系以及市县乡级产业服务体系，每年为基层培训了大量的专业技术人才。⑤中药材种植规模位居全国前列。河南省中药材种植面积、产量和产值三项指标均居全国前列。艾叶、连翘、山茱萸、百蕊草、夏枯草、冬凌草、山药、地黄、牛膝、西红花、辛夷等产量常年位居全国第一；金银花、菊花、银杏等产量常年位居全国第二；艾叶、夏枯草、西红花、百蕊草产量占全国市场的80%以上份额。⑥转化优势明显。河南省共有规模以上中药企业近300家。拥有仲景宛西制药股份有限公司、河南羚锐制药股份有限公司、河南太龙药业股份有限公司、河南福森药业有限公司等知名现代化中药企业，培育了六味地黄丸、羚锐通络祛痛膏、双黄连口服液等一批科技含量高的中药大品种。中药材加工企业的发展为河南省中药材种植提供了强有力的支持。⑦政策支持力度大。河南省历来重视中医药产业的发展。2021年5月12日，习近平总书记在河南南阳视察，首站来到医圣祠，对中医药工作作出重要指示，为推动中医药传承创新发展指明前进方向。围绕"中医药强省"战略，河南省委、省政府出台《河南省中医药发展战略规划（2016—2030年）》《河南省中医药条例》《河南省"十四五"中医药发展规划》《关于加快中药材产业高质量发展的意见》等政策文件，为河南实现从中医药大省到中医药强省的转变提供了有力保障。

🔟 目前河南省中药材产业存在哪些问题？对策是什么？

河南省在发展中药材产业方面有诸多优势，也取得了一定的成绩，但仍存在着限制中药材高质量发展的一些问题：①中药材区域品牌优势不明显。河南省中药材资源丰富，种植及野生中药材面积居全国前列，但是具有全国知名度的品牌不多。目前，我省在全国有一定知名度的药材，多形成于明清，发展于近代，如四大怀药，而近几十年发展成绩显著的药材，如艾叶、连翘、冬凌草、西红花等，产量和质量均居全国前列，但品牌知名度与传统产区相比还有差距。息半夏、唐半夏等全国知名的品牌也遭遇新的发展危机。②中药农业的产业化水平比较低。中药材种子种苗质量标准缺乏，市场监管缺失，很多地方的种子种苗多从外地引进，未经过检验检疫，不仅对道地品种有一定的影响，还存在病虫害传播的风险；在中药材田间管理上缺乏有针对性的、系统性的技术措施；在产地初加工方面，多以一家一户的手工作坊为主；生产过程机械化水平比较低，作业机械多为改装，专业化程度不高。③中药材产业附加值偏低。尽管河南省有仲景宛西制药股份有限公司、河南羚锐制药股份有限公司、河南福森药业有限公司等知名企业，但是和中药材的总体种植面积、体量还不太匹配，目前河南省中药材以初级农产品、饮片等附加值不高的产品居多。

围绕河南省中药材产业的高质量发展，有如下对策：①深化顶层设计。中药材涉及的产业多、领域多，应该根据河南省自身的特点来进行合理的顶层设计，对于应该重点发展中药材的第一产业、第二产业还是第三产业，重点发展哪些中药材品种，怎样合理布局中药材的种植等问题应该有一个全面、系统的规划。②构建中药材全产业的标准化链条。建立涵盖从种子种苗、种植过程、产地加工到仓储、物流、产品质量等全产业链的标准，确保中药材的产量和质量。③注重中药材品牌的培育。积极培育"豫药"区域公用品牌、企业品牌和产品品牌，做强一批在全国影响力大、市场占有率高的道地药材品牌。积极申报农产品地理标志、地理标志商标、生态原产地保护产品、地理标志保护产品等，依托农产品交易会、药品交易会、投资贸易洽谈会等展会宣传推介河南中药材区域品牌。④大力培育龙头企业，多产业融合发展。在原有龙头企业的基础上，通过政策扶持、技术支持等方式，大力培育一批在全国有影响力的中药材龙头企业，并通过大力发展药食同源产业、中兽药产业、文旅产业等，引领中药材产业快速发展。

🔟🔢 我们常说的中药材生产发展的"八化"指的是什么？

2018 年，国家中药材产业技术体系首席科学家、中国中医科学院院长黄璐琦院士首次提出中药材生产发展的"八化"。"八化"分别为：产地道地化（中药材生产向道地优势产区集中，道地药材区域产业化发展迅速）、种源良种化（种子种苗现代化水平不断提升）、种植生态化（生态种植将成为中药材生产的重要模式）、生产机械化（中药农业快速向机械化方向发展）、产业信息化（生产信息化将贯穿全程）、产品品牌化（产品品牌化进一步提升）、发展集约化（种植主体发生改变）、管理法制化（管理法制化水平进一步提高）。

🔢 中药材除药用外，还有哪些利用发展方向？

中药材除了药用，还有一些新的发展利用方向：①药食同源产业具有广阔的市场增长空间。随着人们健康意识的提高、"三高"人群的增加，以及我国老龄化的加剧，药食同源产业规模逐渐增加。如高良姜、银杏叶等都是防癌、治癌药物的重要原料。②天然香料市场有望扩大。目前，化学合成的香料制品的安全隐患逐渐被人们认识，世界各国正在积极开发新型的天然香料制品以预防各类疾病。如灵香草、荆芥、益母草、薄荷、八角茴香、玫瑰、茉莉花等都被用来提炼香精、纯天然精油等。③生物农药是重要方向。随着化学农药对人体健康的危害日益显现，逐渐被人们认识和接受的生物农药则会被加速开发和利用，如苦参、苦瓜、苦楝子、狼毒、莽草、鱼藤、半边莲、柠檬等，皆有杀虫功效，市场上的需求也不断增加。④养殖业的植物源抗生素大有潜力。自 2020 年 1 月 1 日起，我国将全面停止除中药以外的促生长类药物饲料添加剂的生产和进口。我国是饲料第一大国，按照 1% 的保守添加量，每年饲料行业需要中药材 200 万吨以上，这将为中药材生产带来一个新的发展机遇。以苍术、牛至、丹参等为代表的天然抗生素产业链迎来良好的发展机遇。

⑬ 中药材种植与普通农作物种植有何区别？

中药材是中医药的基础，其优劣直接影响中医药的疗效。中药材的种植与普通农作物种植相比，具有自身的特点：①中药材品质是第一位的。在农业生产中，小麦、玉米、水稻等农作物，产量是第一位的，而对于中药材来说，《中华人民共和国药典》(一部)对中药材的基源、药用部位、性状、灰分、水分、化学成分、重金属及有害元素、农药残留等有严格的规定，达到规定标准的才能是合格的中药材，达不到规定标准的即伪品或劣品，不能进入中药材流通渠道。②中药材种植注重道地性。中药材在长期的生存竞争及双向选择中，与道地产区生态环境建立了紧密且相互适应的关系，确保了其药效和品质。如果盲目地在新的生态环境差异较大的地区种植，则会导致中药材品质降低，甚至不合格。③中药材种植过程讲究规范性。为了确保药效和安全性，国家和省级中药材管理部门出台了一系列法律法规，确保中药材种植过程从种源、施肥、病虫害防治到采收等环节的规范性。

⑭ 目前需求量比较大的常用中药材种类有哪些？哪些可以在河南发展？

根据 2022 年 2 月国家林业和草原局印发的《林草中药材产业发展指南》（办改字〔2022〕7 号），常用中药材年需求量分类统计见下表。

常用中药材年需求量分类统计表

年需求量	药材种类
10 万吨以上	花椒、枸杞子、胡椒
5 万~10 万吨	艾叶、龙眼肉、莲子、薏苡仁、八角茴香、甘草
1 万~5 万吨	黄芪、板蓝根、肉桂、党参、地黄、当归、山药、黄芩、三七、茯苓、山楂、虎杖、丹参、芡实、决明子、粉葛、桔梗、小茴香、百合、苦杏仁、陈皮、火麻仁、金银花、白芷、薄荷、草果、白术、白芍、川芎、瓜蒌（全、仁、皮）、广藿香、何首乌、麦冬
5 000~10 000 吨	天麻、夏枯草、大黄、野菊花、鸡血藤、菊花、蒲公英、黄精、栀子、玉竹、柴胡、桑椹、玄参、桂枝、石斛、半夏、乌梅、牛膝、穿心莲、泽泻、山茱萸、厚朴、香附、连翘、人参、酸枣仁、牡丹皮、北沙参、五味子、红花、太子参、延胡索、黄柏、益母草、苍术、苦参、赤芍、高良姜、砂仁、杜仲、木香、西洋参
1 000~5 000 吨	山银花、灵芝、荆芥、枳壳、玫瑰花、僵蚕、覆盆子、金钱草、红参、五倍子、菟丝子、防风、白花蛇舌草、车前子、郁金、独活、黄连、肉苁蓉、茵陈、天花粉、浙贝母、皱木瓜、水半夏、枇杷叶、远志、土鳖虫、续断、牛蒡子、知母、巴戟天、龙胆、地榆、天冬、淫羊藿、鸡内金、紫菀、地龙、款冬花、南沙参、半枝莲、秦艽、重楼、羌活、秦皮、鳖甲、钩藤、白及、枳实、平贝母、龟甲、射干、辛夷、猪苓、细辛、胖大海、全蝎、柏子仁

年需求量	药材种类
100~1 000 吨	吴茱萸、佛手、水蛭、地肤子、通草、蝉蜕、青贝、蜈蚣、松贝、川贝、冬虫夏草
100 吨以下	金钱白花蛇、西红花

在河南省可以发展的 10 万吨以上需求量的中药材有花椒；5 万~10 万吨需求量的中药材有艾叶；1 万~5 万吨需求量的中药材有板蓝根、党参、地黄、山药、黄芩、茯苓、山楂、虎杖、丹参、粉葛、桔梗、百合、金银花、白芷、薄荷、白术、瓜蒌（全、仁、皮）、何首乌、麦冬；5 000~10 000 吨需求量的中药材有天麻、夏枯草、野菊花、菊花、蒲公英、黄精、栀子、玉竹、柴胡、桑椹、玄参、石斛、半夏、牛膝、山茱萸、香附、连翘、酸枣仁、牡丹皮、红花、太子参、延胡索、益母草、苍术、苦参、杜仲；1 000~5 000 吨需求量的中药材有灵芝、荆芥、玫瑰花、僵蚕、覆盆子、菟丝子、车前子、茵陈、天花粉、远志、土鳖虫、淫羊藿、鸡内金、紫菀、地龙、鳖甲、射干、辛夷、猪苓、全蝎、柏子仁；100~1 000 吨需求量的中药材有蝉蜕、蜈蚣；100 吨以下需求量的中药材有西红花。

⑮ 河南省中药材产区如何划分？各产区重点发展的中药材种类有哪些？

根据河南省人民政府办公厅《关于加快中药材产业高质量发展的意见》（豫政办〔2022〕113 号），河南省中药材产区分为怀药道地药材产区、太行山道地药材产区、伏牛山道地药材产区、大别山道地药材产区、黄淮海平原传统道地药材产区。怀药道地药材产区重点发展怀山药、怀地黄、怀牛膝、怀菊花、冬凌草等品种；太行山道地药材产区重点发展连翘、艾叶、山楂、柴胡、红花等品种；伏牛山道地药材产区重点发展艾叶、连翘、丹参、牛至、山茱萸、鸡头黄精、杜仲等品种；大别山道地药材产区重点发展南苍术、夏枯草、芡实等品种；黄淮海平原传统道地药材产区重点发展金银花、禹白芷、白术等品种。

16 中药材的质量评价包含哪些指标？其评判标准有哪些？

中药材的质量直接关系着中药的品质及其临床疗效。目前中药材的质量评价主要涉及以下几个指标：①基源鉴定。即确定物种，这是中药材质量的基础，基源如果不对，其他质量指标就无从谈起。如《中国植物志》记载，黄精属植物在全世界约 40 种，在我国有 31 种，而中药材黄精只有三种基源：黄精 *Polygonatum sibiricum* Red.、滇黄精 *Polygonatum kingianum* Coll.et Hemsl. 和多花黄精 *Polygonatum cytonema* Hua。②外观特征。包括色泽、形状、大小、质地、整齐度、香气、味道等。如白术正品切面呈黄白色至淡棕色，有棕黄色的点状油室，而白术劣品切面呈深棕色，油室有明显的油状物外溢。这些通常由专业人员通过看、摸、嗅、尝及水试、火试等方法来评价。③杂质含量。中药材中的不良杂质会对其质量产生负面影响。一般杂质为非药用部位，通过观察外观特征或者检测其灰分都可以评价。如《中华人民共和国药典》规定，生地黄总灰分不得超过 8.0%，酸不溶性灰分不得超过 3.0%。④含水量。中药材的含水量对其质量和保存寿命有重要影响。含水量一般采用烘干法来测定。⑤有效化学成分。中药材的有效化学成分是其药效的基础，有效化学成分的组成和含量是最根本、最可靠的评价中药材质量的方法。如《中华人民共和国药典》规定，按干燥品计算，黄精中黄精多糖的含量不得少于 7.0%。⑥细菌、真菌毒素等。如果中药材在处理和储存过程中操作不当，就容易受到细菌、真菌毒素等的污染。《中华人民共和国药典》规定，部分中药材必须进行黄曲霉毒素检测。⑦农药残留、重金属及有害元素。中药材的种植可能涉及农药的使用，同时还可能受到周围环境中重金属及有害元素的污染。通过检测农药残留、重金属及有害元素含量来评价中药材的质量和安全性。2020 年版《中华人民共和国药典》规定，药材及饮片（植物类）33 种禁用农药不得检出（不得过定量限），需要检测重金属及有害元素的中药材品种有 28 个。

目前我国中药材质量评价标准主要有三级标准：一级标准是国家标准《中华人民共和国药典》，二级标准是部颁标准或局颁标准，三级标准主要是地方标准。国家标准在全国范围内适用，其他各级标准不得与国家标准相抵触。国家标准一经发布，与其重复的行业标准、地方标准相应废止，国家标准是标准体系中的主体。2020 年版《中华人民共和国药典》已经在 2020 年颁布实施，是我国最高的全国性药品标准，是所有药品相关部门共同遵守的法律依据。部颁标准或局颁标准是指由原卫生部颁布的药品标准、原食品药品监管总局和国家药监局颁布的药品标准。部颁标准或局颁标准是对国家标准的补充，其在相应国家标准实施后，应自行废止。地方标准是指在国家的某个地区通过并公开发布的标准。如果没有国家标准和行业标准，而又需要满足地方自然条件、风俗习惯等特殊的技术要求，可以制定地方标准。地方标准在本行政区域内适用。在相应的国家标准、部颁标准或局颁标准实施后，地方标准应自行废止。

🔟 哪些因素影响中药材的质量？

中药材质量受多种因素影响：①种子种苗的质量。种子种苗质量是中药材优质优产的基础。好的种子种苗首先要保证基源纯正、遗传性状优良；其次，其发芽活力和发芽率要好，出苗率高，植株田间生长势强。②生态环境因素。中药材质量在生长过程中逐渐塑造而成，因此生长过程中的气候因子、土壤状况、地形等都影响植物的生长发育，进而影响中药材的质量。③采收时间。《用药法象》记载："凡诸草木昆虫，产之有地；根叶花实，采之有时。失其地则性味少异，失其时则性味不全。"可见，中药材的采收有严格的季节性。中药材的适时采收是保证药材质量的重要一环。要根据不同的中药材品种，明确收获期限，确保其品质。④产地初加工技术。中药材收获以后需要经过一定的产地初加工过程，以便于其存储、运输及再加工。产地初加工是影响中药材质量的一个重要环节。如果产地初加工技术不规范、不到位，就会导致药材性状变异、杂质含量过高、水分超标、有效化学成分流失等现象，从而降低中药材的质量。⑤储藏条件。中药材在储藏过程中，其性状、水分、有效化学成分等会受到温度、湿度、光照等储藏条件的影响，其质量也会随着存储时间发生一定的变化，而适宜的储藏条件能更好地保持中药材质量的稳定。

18 作为一名新手，计划种植中药材应该做哪些前期准备？

近几年，随着中药材价格的非理性暴涨及中医药各项政策的实施，种植户种植中药材的积极性空前高涨。由于中药材是一种以药效为评价标准的特殊经济作物，新手计划种植中药材，建议从以下几个方面准备：①销路要考虑好。中药材是特殊的农产品，不像小麦、玉米、水稻一样有国家收储制度，中药材种出来不一定能卖出去，好的药材不一定能卖出好的价格。尤其是在一些没有中药材种植习惯或者零星种植的地方，一定要明确当地是否有中药材经纪人、收购点、饮片厂等可以消化中药材的销路。②因地制宜，选择适宜种植模式。目前《国务院办公厅关于坚决制止耕地"非农化"行为的通知》《国办发明电〔2020〕24号）、《国务院办公厅关于防止耕地"非粮化"稳定粮食生产的意见》（国办发〔2020〕44号）等规定，禁止在基本农田上种植非粮食作物，种植前，要对种植的土地属性有明确的了解，在明确耕地可以种植中药材的基础上，根据耕地的特点选择种植模式。目前中药材进山（山地）入林（林地）成为一种大趋势。③要有一定的技术积累。中药材种植涉及选地整地、水肥管理、病虫害防治、采收、产地初加工等诸多环节，需要通过自己实地观摩学习、书本学习、向有经验者请教等多种途径，积累栽培技术。④设施设备、场地要健全。小麦、玉米等大田作物流通快、产地加工简单，而很多中药材产地初加工复杂（如需要去皮、清洗、烘干、水煮等），同时流通慢，需要仓储。因此，种植中药材除了大田种植所必备的浇水、施肥、喷药、收获等设施设备外，还要配备一定的产地初加工的设备和仓储车间，以防因设施设备、场地不完善造成的药材变质或质量降低。⑤对种植中药材的经济效益有一个合理的预期。最近几年，有些中药材价格暴涨，导致有些种植户把中药材种植当成"一夜暴富"的手段，对中药材种植的经济效益抱过高的期望值，这样容易造成很大的心理落差。中药材只是经济作物的一种，经济效益可能比有些大田作物高一些，但其本质还是农产品，其价格受供求关系变化的影响，可能会有一定的波动，但是整体仍会在一个合理的价格区间内。⑥切勿一开始就盲目大面积种植。对于新手来说，种植面积越大，投入成本就越高，对种植技术、管理等要求就越高，种植风险就越大。建议新手可以适度发展，在实力与经验增加的基础上，再考虑扩大种植规模。⑦切勿轻信广告，盲目种植。近几年各种媒体大肆宣传"提供种植一些名贵中药材的技术"，或者"免费提供种苗、包回收"等骗局，很多只是厂家推销自家产品的一个噱头，一定要理性分析，慎重选择，切勿盲目轻信，上当受骗。

二　中药材种植的相关标准、政策

① 中药材产业从业者最常用的《中华人民共和国药典》具体包含哪些内容？

《中华人民共和国药典》是一部收载法定药品的药学专著，是国家药品标准的最高体现。目前实行的《中华人民共和国药典》（2020 年版）[简称《中国药典》（2020 年版）]是第十一版。《中国药典》（2020 年版）由一部、二部、三部和四部构成，收载品种共计 5 911 种。一部中药收载 2 711 种。二部化学药收载 2 712 种。三部生物制品收载 153 种。四部通用技术要求收载 361 个，其中制剂通则 38 个、检测方法及其他通则 281 个、指导原则 42 个；药用辅料收载 335 种。2023 年 9 月，国家药监局网站发布《国家药监局 国家卫生健康委关于发布实施〈中华人民共和国药典〉（2020 年版）第一增补本的公告》，《中华人民共和国药典》（2020 年版）第一增补本自 2024 年 3 月 12 日起施行，其新增品种及通用技术 53 个，修订或订正品种及通用技术要求 661 个。其中一部新增品种 8 个，修订或订正品种 94 个；二部新增品种 28 个，修订或订正品种 461 个；三部新增通则和指导原则 5 个，修订或订正品种 45 个，生物制品通则 2 个，总论 1 个，通则和指导原则 4 个；四部新增指导原则 1 个，品种 11 个，修订或订正通用技术要求 8 个，修订或订正品种 46 个。

② 《河南省中药材标准》具体包含哪些内容？

《河南省中药材标准》收载了国家药品标准未收载而在我省有生产和使用习惯的中药材品种，是河南省药品研究、生产、经营、使用、检验和监督管理的法定技术标准。目前施行的是《河南省中药材标准》（2023 年版），该版共收录我省特色的中药材 138 种，分别为一口钟、三叶青、土大黄、小麦、山合欢皮、山羊血、山银柴胡、山楂核、山橿、马蔺子、天竺子、木蓝豆根、水防风、贝母、牛蒡根、毛柱铁线莲、丹参茎叶、乌金石、乌骨鸡、凤仙花、凤眼草、文冠果仁、石刁柏、石上柏、石楠藤、石碱、北合欢、叶下珠、生附子、仙人掌、白石英、白石脂、白花蛇舌草、皮子药（麻口皮子药）、地丁、地黄叶、芍药花、百合花、光皮木瓜、竹叶柴胡、竹花、红曲、红花子、红豆杉、红旱莲、红娘子、玛瑙、苍耳草、杜仲籽、杨梅根、连翘叶、牡丹叶、牡丹花、皂角子、没食子、鸡眼草、鸡蛋壳、驴皮、青西瓜霜、苦瓜、构树叶、刺梨、枣槟榔、虎掌南星、金盏银盘、金银花叶、金蝉花、金箔、狗脊贯众、夜明砂、泡桐花、泽漆、珍珠透骨草、荞麦叶大百合、茯神、荠菜、胡枝子、南瓜子、南瓜蒂、柘木、栀子根、柿叶、柿饼、柿霜、蚂蚁、咽喉草、信石、姜皮、莱菔叶、莱菔根（地骷髅）、桃花、钻地风、铁丝威灵仙、倒提壶、射干叶、徐长卿草、凉粉草、黄丹、黄荆子、菊花叶、蛇莓、银耳、甜叶菊叶、甜杏仁、猪胆汁、望月砂、望江南、绿豆衣、绿茶、喜树果、葎草、落花生枝叶、椒目、酢浆草、硝石、雄蚕蛾、紫地榆、紫荆皮、紫硇砂、蛴螬、黑豆衣、鹅管石、墓头回、蒺藜草、槐枝、零余子、路边青、蜀羊泉、鼠妇虫、翠云草、墨、豫香橼、燕窝、橘叶、壁虎、蟋蟀、藜芦、蟾皮。

需要指出的是，《河南省中药材标准》（2023 年版）自 2024 年 3 月 8 日起实施后，《河南省中药材标准》1991 年版及 1993 年版同时废止；同时，《河南省中药材标准》只是在河南使用，且如有同品种的国家药品标准颁布实施，《河南省中药材标准》中的相应标准即行废止。

3 什么是《中药材生产质量管理规范》？ 2022 年版与 2002 年试行版的区别有哪些？

《中药材生产质量管理规范》（Good Agricultural Practice for Chinese Crude Drugs，GAP）是国家药品监督管理局为了规范中药材生产，保证中药材质量，促进中药的标准化、现代化而颁布的中药材生产和质量管理的基本准则，适用于中药材生产企业生产中药材（含植物药及动物药）的全过程。2002 年 4 月，国家药品监督管理局颁布了《中药材生产质量管理规范（试行）》（又称试行版中药材 GAP），自 2002 年 6 月 1 日起实施；2016 年 2 月，中药材生产质量管理规范认证行政许可取消。此阶段先后共认证中药材 GAP 基地 177 个，涉及全国 26 个省份 110 家企业 71 种中药材。2016 年 2 月到 2022 年 2 月，GAP 基地认证及延伸检查停止。

2022 年 3 月，国家药监局、农业农村部、国家林草局、国家中医药局发布了《中药材生产质量管理规范》（2022 年第 22 号），又称新版中药材 GAP。新版中药材 GAP 共计 14 章 144 条，较试行版中药材 GAP 增加了 4 章 87 条。新版与试行版相比，主要针对试行版内容过于笼统、质量风险管控理念贯彻不到位、部分影响中药材质量的重要环节要求不明确、技术规程要求相对模糊，生产组织方式不确定，企业理解掌握、实施操作难度较大等方面的问题做了修改、完善和补充。新版中药材 GAP 新增了 3 章，分别为"第十一章　质量检验""第十二章　内审""第十三章　投诉、退货与召回"，由试行版中药材 GAP "人员和设备"拆分为 2 章，分别为"第三章　机构与人员""第四章　设施、设备与工具"。试行版 GAP 只有"栽培与养殖管理"一章有分节，新版中药材 GAP 第六至 第九章均分节。新版中药材 GAP 引入"六统一"（统一规划生产基地，统一供应种子种苗或其他繁殖材料，统一肥料、农药、饲料、兽药等投入品管理措施，统一种植或养殖技术规程，统一采收与产地加工技术规程，统一包装与储存技术规程）和"可追溯"（中药材生产全过程关键环节可追溯），来对影响中药材生产的关键环节进行细化和明确，以便于企业实施及管理部门的监管；强调高标准、严要求，兼顾中药材生产现实情况及当前技术水平，使新版中药材 GAP 更切实可行。如在使用农药方面，新版 GAP 规定，优先选用高效、低毒生物农药，尽量减少或避免使用除草剂、杀虫剂和杀菌剂等化学农药。将技术规程和质量标准制定前置，全程贯彻"写我要做、做我所写、记我所做"的实施思路。对技术和方法，需要继承传统的继承传统，需要创新的坚持创新。如种植、收获环节机械化的应用，可追溯系统中现代信息技术的应用等。还补充了放行、投诉、退货与召回等管理内容，以强化流程性的风险管控。

❹ 中药材种植全程机械化程度及国家相关机械购置补贴情况如何？

中药材种植的全程机械化程度与小麦、玉米、水稻等粮食作物相比还有很大的差距，致使中药材生产成本居高不下，生产效率低下。据 2023 年对全国各省份 135 个中药材种植规范基地的统计，其平均机械化率仅为 16.87%，种植、田间管理、收获及初加工环节的机械化水平分别为 18.48%、22.24%、14.52%、13.78%，统计结果远远低于农作物耕种收综合机械化率。主要原因有以下几个方面：①中药材种类多，种植环节多，要实行机械化的话，需要的机械种类要比大田作物多很多，如根茎类中药材、花类中药材、全草类中药材对同一个管理环节的机械要求不同，种植的不同环节如移栽、田间管理、收获、产地初加工等对机械的要求不同。②中药材全程机械化对机械的要求更高、更复杂。目前我国很多中药材的发展趋势是进山入林，我国山地、林下药材的生产面积占中药材总生产面积的 60% 以上。山区、林区地形复杂，机械实施难度比较大，对机械的性能要求更高，然而，山地药材机械严重缺乏、很多机械都属于空白。③我国目前对中药材机械的研发起步比较慢，科研投入还不够。目前仅在中药材产业发展规模相对较大的地区，有部分农机研发人员针对当地规模较大、产值较高的中药材进行了专用机械的研发。然而，许多农业机械科研院所尚未涉足中药材相关机械的研发领域。

2021 年，农业农村部办公厅和财政部办公厅印发的《2021—2023 年农机购置补贴实施指导意见》(以下简称《意见》)，尽管并没有明确对中药材专用机械进行补贴，但是规定对一些通用的机械进行购置补贴，如整地、起垄、灌溉、收获等机械。各地区根据当地实际情况，会制定当地的农机购置补贴相关政策。具体的购置补贴政策可能因地区而异，种植户可以咨询当地农业部门或相关机构以获取更详细的信息。

三 中药材种植的相关技术

❶ 中药材的种植需要掌握哪些技术？

中药材是以品质和疗效为评判指标的特殊经济作物，对种植户的技术水平有一定的要求，种植户需要掌握以下技术：①中药材基源鉴别技术。能够对自己所种的中药材的基源进行一定的鉴别，以防基源错误。②土地管理技术。根据土壤特性和中药材种植需求，进行合理的翻耕、起垄、施肥等，为中药材提供适宜的生长环境。③播种和移栽技术。掌握适宜的播种和移栽时间、深度和方法，保证种子或幼苗良好地生长发育。④灌溉技术。根据中药材的水分需求，掌握合理的灌溉方法和频率。⑤病虫害防治技术。识别常见的中药材病虫害，合理使用农业防治技术、生物防治技术和化学防治技术等，以保证中药材的安全生产。⑥田间管理技术。如适时间苗、除草、中耕等，给植株生长及品质形成创造一个良好的环境。⑦收获和产地初加工技术。掌握中药材的收获部位、收获时期、收获频次、收获方法等；掌握正确的清洗、晾晒、烘干等产地初加工技术，以保证药材品质和药效。⑧仓储技术。能根据中药材的仓储要求，进行科学的仓储，防止霉变、虫蛀、变质等。

❷ 中药材繁殖的方法有哪些？各有哪些优缺点？

中药材繁殖的方法包括无性的营养繁殖和有性的种子繁殖。无性的营养繁殖是由植物的根、茎、叶等营养器官来培育出新个体的一种繁殖方式。有性的种子繁殖是由雌雄配子结合形成种子而产生新个体的繁殖方式。中药材营养繁殖是由分生组织直接分裂的体细胞所得到的植物体，其遗传性与母体一致，能保持其优良特性。在生产上常见的有分株繁殖、变态器官繁殖、压条繁殖、扦插繁殖、嫁接繁殖等。种子繁殖具有简便、经济、繁殖系数大、有利于引进驯化和培育新品种等特点，是中药材栽培中应用最广泛的一种繁殖方式，但是由于种子繁殖的后代容易发生变异，在生产中，应该根据中药材的种类和生长特性来选择繁殖方式。

❸ 中药材的育苗方法有哪些？

中药材的育苗为中药材早期生长创造了一个适宜的环境条件，有利于缩短生育期，提高大田种苗的抗逆性和大田种植的一致性。目前中药材育苗已经成为中药材产业中的一个新兴产业，为中药材种植提供了重要的种源保证。中药材最常见的育苗方法包括：①种子播种。将中药材的种子直接播种在育苗床上。一般会在播种前对种子进行处理，如种子筛选、浸泡、消毒等，以提高种子的一致性、发芽率和抗病能力。播种后一般需要保持适宜的光照、温度、水分、肥力等条件，以促进种子快速发芽和形成壮苗。②分株繁殖。一些中药材可以通过分株繁殖来获得新的幼苗。利用根及变态根状茎上的不定芽、茎或者地下茎上的芽产生新梢，待地下部分生根后将其切离母体，成为一个独立的新个体。③扦插繁殖。取成熟植株的任何一部分（如根、茎、叶等），在适当的条件下插入土或者其他基质中培育，供给适当的光照、温度和湿度条件，促进生根和生长，使其成为独立的新植物。扦插育苗需要注意扦插材料的选择和处理，扦插后要保持畦面湿润、注意遮阴等。

不同的中药材由于其繁殖特性不同，育苗方法可能有所差异。具体的育苗方式需要根据中药材的生长特性和种植需求进行选择和调整。同时，适宜的环境条件和营养供应等也对中药材育苗成功起着重要作用。

❹ 在生产上如何选择优质中药材种苗？

选择优质中药材种苗要考虑以下因素：①来源可靠。如不能自育种苗，应选择有经验和信誉可靠的生产者或供应商提供的种苗。优先选择本地的或者生态条件类似的产区供应的种苗，以确保种苗的适应性以及中药材的道地性。《中药材生产质量管理规范》规定，从县域之外调运的种子种苗，应当按国家要求实施检疫。②基源明确。中药材对基源有严格的规定，要根据中药材的特性和要求，选择适应本地的道地品种。③品种优良。优先采用经国家及省有关部门鉴定，性状整齐、稳定且抗病性强的优良新品种。④苗龄适宜。选择适宜苗龄的种苗，以确保其能够快速适应新的生长环境并具备良好的发育潜力。一般来说，苗龄适中的种苗移栽后大田表现更好。⑤植株健壮。种苗的根系发达、健壮，无明显的损伤或破裂，叶片饱满、绿色，没有黄化、凋落或病害等现象，茎干粗壮，苗高适中。

5 中药材的主要种植模式有哪些？

我国中药材种类多，各地经济发展水平也不均衡，中药材种植模式呈现多样化。大体可以将中药材种植模式划分为三类：①基于作物布局的传统中药材种植模式，根据是否有作物搭配可分为单一种植模式和多样性种植模式。单一种植模式如单作和连作，如在河南地黄多采用单作，而牛膝则可以连作；多样性种植模式如混作、间作、套作和轮作，其中间作包括林—药间作、农—药间作、果—药间作、药—药间作等，如林下黄精、林下天麻等。②基于现代化技术的中药材种植模式，包括无土栽培、露地栽培、设施栽培、仿野生和半野生栽培以及野生抚育。如设施石斛、设施灵芝等。③基于新兴理念的中药材种植模式，包括规范化种植模式、绿色种植模式、有机种植模式、生态种植模式、定向培育模式等。

目前，我国中药材种植仍以传统种植模式为主。在中药材种植中，应根据当地的生态特点、中药材品种特性等探索适宜的种植模式。

6 我们常说的中药材生态种植指的是什么？有哪些模式？

中药材生态种植是指应用生态系统的整体、协调、循环、再生原理，结合系统工程方法设计，综合考虑社会、经济和生态效益，充分应用能量的多级利用和物质的循环再生，实现生态与经济良性循环的中药生态农业种植方式。根据中药材品种的生长特性和种植区环境特点，采用不同的生态种植模式培育中药材。主要包括林下种植、草地混植、单一种植、间套作种植、轮替种植和生态景观种植等模式。鼓励集成创新其他生态种植模式。

7 我们常说的中药材野生抚育指的是什么？有哪些模式？

中药材野生抚育是在保持生态系统稳定的基础上，对原生境内自然生长的中药材，根据其生物学特性及群落生态环境特点，主要依靠自然条件、辅以轻微干预措施，提高种群生产力的一种中药材生态培育模式。

依据中药材原生性特点和生境状况，综合考虑气候、土壤、水分、养分等条件及其影响因素，充分结合目标中药材资源分布和蕴藏量，合理确定中药材资源保护、原生境保育与采收利用相协调的抚育模式，主要包括封育模式、轮采模式、密度优化模式、多维调控模式、定向抚育模式。鼓励集成创新其他野生抚育模式。

8 我们常说的中药材仿野生栽培指的是什么？有哪些模式？

中药材仿野生栽培是指在生态条件相对稳定的自然环境中，根据中药材生长发育习性及其对生态环境的要求，遵循自然法则和规律，模仿中药材野生环境和自然生长状态，再现植物与外界环境良好生态关系的中药材生态培育模式。

依据目标林草中药材在适生境的天然生长状态和野生条件要素，充分利用自然生态条件和特征，主要采用林荫栽培、寄生附生、野生撒播、景观仿野生等模式。鼓励因地制宜集成创新仿野生栽培模式。

⑨ 什么是单作、间作和套作？常见的间作和套作的模式有哪些？

单作是指同一地块只种一种植物的种植方式，其特点是植物单一，生育期一致，便于田间的统一管理，如地黄、菊花、艾等单作居多。间作指在同一地块、同一时期内，分行或者分带相间种植两种或者两种以上生育期相近的植物的种植方式。间作不仅可以集约利用土地，还能利用不同作物的生长特点进行优势互补。常见的模式有粮—药间作、菜—药间作、果—药间作、林—药间作，如玉米—黄精间作、蔬菜—杜仲间作、林下黄精、林下天麻等。套作指的是在前季作物生长后期的行间种植下一季植物的种植方式，套作不仅充分利用了前季作物行间的空间，还延长了后季作物的生育期。一般与玉米、小麦套作的比较多，如玉米—柴胡套作、玉米—半夏套作、小麦—半夏套作等。

⑩ 什么是连作和轮作？哪些中药材品种可以连作？哪些不能连作？

连作是指在同一地块上连年种植相同作物的种植模式，而轮作是指在同一地块上有顺序地轮换种植不同植物的种植方式。根据中药材对连作的反应不同，可以分为忌连作中药材、耐短期连作中药材和耐连作中药材。大多数根茎类中药材属于忌连作中药材，如山药、地黄、三七等；耐短期连作中药材一般可以连作两三年，如菊花、板蓝根、紫云英等；耐连作中药材对连作不敏感，可以多年连作，如牛膝、莲子、贝母等。

⑪ 中药材连作障碍指的是什么？如何克服或减缓中药材连作障碍？

中药材连作障碍指的是同一土地上连年种植同一种中药材后，植物生长发育受到抑制，产量和品质显著降低的现象。连作障碍是中药材种植中很常见的一种现象。

连作障碍的发生通常与土壤中化感物质累积、微生物群落失衡、病虫草害增加等因素有关，但是目前对连作障碍的机制和调控途径还没有明确。为克服或者减缓中药材的连作障碍，可以采取以下措施：①合理轮作。这是生产上采用的最普遍、最有效的办法，即将同一地块上的中药材与其他植物进行轮流种植，在同一地块同一种药材连续两次种植中间设置间隔期，如怀山药两次种植时间至少要间隔 5 年，怀地黄则需要间隔 8 年以上。②土壤改良。目前在有些作物上，可施用专一的微生物菌剂，如有报道施用淡紫拟青霉、绿僵菌等菌剂能够改善土壤的微生物群落，分解一些有毒化感物质，起到缓解连作障碍的作用，但是目前这种办法还多处于实验室阶段或者小面积示范阶段。

⑫ 中药材的林下种植是什么？哪些药材适合？现有哪些成熟模式？

中药材的林下种植，顾名思义，就是在林下、林缘进行中药材种植，是以林地资源为依托，以科学技术为支撑，充分利用林下土地资源和林荫空间来进行中药材种植的一种模式。一些具有耐阴特性的中药材适宜在林下种植，如黄精、天麻、淫羊藿、重楼等。

中药材林下种植要充分考虑当地的优势林业资源情况、中药材资源情况，因地制宜，选取合适的品种和林下种植模式。以黄精为例，目前有黄精杉木林下种植模式、黄精毛竹林下种植模式、退耕还林套种黄精模式、生态公益林套种黄精模式等。

⑬ 如何选择适宜的中药材种植品种？

选择适宜的品种是中药材种植成功关键的一环，其直接关系着种植户的经济效益。要理性分析，选择适宜的品种。对于新手来说，可以先尝试种一些本地的道地品种。道地药材呈现明显的区域性分布，每个区域都有其特色的道地药材品种，选取道地药材品种是品质和疗效的保证。此外，还要考虑品种特性和个人的经济实力，很多多年生中药材生长周期长、价格波动大，需要种植户有一定的技术积累和经济抗风险能力，一般建议新手种一些周期短、收益稳定的大宗中药材品种，慎重选择一些高价位、周期长的品种。

⑭ 如何选育优质中药材品种？

中药材良种选育是提升中药材生产水平的核心，是规模化、集约化生产方式的需要。中药材和常规农作物不同，中药材的品质直接影响着中药的临床疗效，因此，中药材品质育种是中药良种选育的核心举措。2022年国家药监局、农业农村部、国家林草局、国家中医药局联合发布的《中药材生产质量管理规范》第六章第三十六条规定，禁用人工干预产生的多倍体或者单倍体品种、种间杂交品种和转基因品种；如需使用非传统习惯使用的种间嫁接材料、诱变品种（包括物理、化学、太空诱变等）和其他生物技术选育品种等，企业应当提供充分的风险评估和实验数据证明新品种安全、有效和质量可控。

因此，目前中药品种选育多以常规的选择育种为主，以杂交育种、诱变育种、分子设计育种等方法为辅，育种方法要符合《中药材生产质量管理规范》的规定。

⑮ 中药材种植的适宜气候条件是什么？

气候条件包含温度、湿度、降水、光照、积温、气压等，是影响中药材生长和分布的重要因素。不同的药用植物对光照、温度、降水等气候因子的适应性不同，在种植中药材时，要充分考虑当地的生态气候条件，根据生态气候条件来选择种植的中药材种类，如在豫北、豫东北黄淮海平原药材区多种植四大怀药、金银花、红花、天花粉等药材，而在豫西南伏牛山区，多种植山茱萸、杜仲、辛夷、连翘、天麻、柴胡、九节菖蒲等。也可根据中药材种类，选择气候条件适宜的区域来种植，如黄精喜欢生长在阴湿的气候下，喜散光，不宜强光照射，一般选择林下种植。

⑯ 选择种植中药材的地块时应注意哪些事项？

中药材种植中，地块选择是非常重要的一环，直接影响中药材的产量、质量和种植收益。在选择地块时，首先要确定地块的土地性质。按照《国务院办公厅关于防止耕地"非粮化"稳定粮食生产的意见》（国办发〔2020〕44号）规定，坚决防止耕地"非粮化"倾向。永久基本农田是依法划定的优质耕地，要重点用于发展粮食生产，特别是保障稻谷、小麦、玉米三大谷物的种植面积。因此，种植中药材的地块不能选择被划为"永久基本农田"的地块，只能选择一般基本农田、林地、四荒地、经济林地等。

此外，为保证中药材的质量，选择种植地块时应该从以下四个方面考虑：①位置是否远离污染源。一般要求远离工业区、垃圾场等，防止因土壤、水、空气等污染带来风险。②地块四周的灌溉、排水设施是否齐全。旱涝极端天气严重影响中药材的品质和产量，碰上大旱天气，应该适当补水，碰上连续强降雨，要确保地块能排涝顺畅。③地块四周的土壤、水体、大气环境等是否符合中药材安全生产质量标准。④地块所在位置的生态环境是否符合所种中药材的生长发育要求，如海拔、积温、光照、耕层厚度等。

⑰ 中药材种植对土壤质量的要求是什么？

土壤是中药材品质和产量形成的基础，其一方面起到支撑固定植株的作用，另一方面为中药材生长提供必需的水、肥、气、热等。土壤的肥力质量、环境质量和健康质量直接影响中药材的质量安全。优质的土壤是保障中药材品质的基础。在质量较差的土壤上种植中药材，会导致中药材产量低下，生产成本高，经济效益低，甚至导致中药材质量不达标，给种植户造成严重的经济损失。

不同种类的中药材对土壤质量的要求有所不同，但普遍要求以下四点：①土壤重金属含量应符合国家《土壤环境质量　农用地土壤污染风险管控标准（试行）》（GB 15618—2018），防止因土壤重金属背景值过高导致的中药材重金属含量超标。②土壤物理结构合适，土壤耕层深度至少达到 30 cm，上层土壤结构疏松，下层土壤较实，有利于通气、透水和保水保肥。③土壤养分丰富，土壤富含有机质且养分相对均衡。④土壤 pH 适中，通常在 5.5~7.5，不能过酸或者过碱。

⑱ 有什么措施可以改善中药材种植的土壤质量？

目前改善土壤质量的主要措施有以下几种：①施用有机肥料。我国的耕地土壤有机肥含量普遍不高，通过施用有机肥，可以增加土壤有机质含量，改善土壤的保水性和保肥性，提高土壤肥力。常用的方法有施用腐熟的畜禽粪便、堆肥等农家肥，种植紫云英等绿肥，秸秆还田等。②科学施肥。通过精准施肥和高效施肥技术的应用，提高肥料的利用率，同时还能改善土壤结构，逐步改善土壤质量。目前常用的措施有测土配方施肥、采用新型缓释肥和水肥一体化技术等。③合理耕作。科学地运用深耕、深翻等措施，增加耕层深度，有助于改善土壤的通气性和保水性，促进根系生长和养分吸收。④使用土壤改良剂。如石灰、硫黄等，可以调整土壤的酸碱度，改善土壤结构，增加土壤通气性和保水性。⑤合理地轮作倒茬，用地和养地相结合。通过药材—绿肥轮作、药材—大豆轮作等用养结合的措施，提高土壤肥力，改善土壤质量。

⑲ 土壤质地是什么？如何根据土壤质地选择种植合适的中药材？

土壤质地是土壤相对稳定的物理性质之一，它是指土壤中不同大小直径的矿物颗粒的组合状况。土壤质地可以分为砂质土、黏质土和壤土三种类型。土壤质地直接关系着土壤的通气、蓄水、保水、保肥等性能，是拟定土壤利用、管理和改良措施的重要依据。不同种类的中药材对土壤质地的适应性不同。砂质土含砂粒在80%以上，通透性好，易耕作，但保水保肥能力差，土壤温度变化大，遇水易板结，且肥力一般都较低。在砂质土上种植中药材，可选择一些耐旱、耐贫瘠的品种，如红花、桔梗、柴胡等。黏质土含黏粒在60%以上，其保水保肥力、潜在肥力高于砂质土，但其土壤硬度大，黏性强，适耕性差。一般适合在黏土上种植的中药材不多，可选择一些适应性强的品种，如薄荷、荆芥、紫苏等。壤土分为黏壤土和砂壤土，它是水、肥、气、热协调的优质土壤，其成分比例适中，质地疏松，通气透水，保水保肥力强，适耕性好。其中，黏壤土比砂壤土黏性大，保水保肥能力强，但是通气性差，排水能力差，因此，黏壤土可以种植一些全草类、花类、叶类或果实类中药材，如艾、菊花、薄荷、荆芥、夏枯草等；砂壤土通气性好，保水保肥能力强，易于耕作和收获，适合种植根茎类药材，尤其是一些机械化程度高或经济价值高的根茎类药材，如地黄、半夏、苍术、黄精等。

⑳ 土壤酸碱度是什么？如何判断？如何依其选择适宜的中药材种类？

土壤酸碱度是指土壤溶液中存在的氢离子和氢氧根离子的量，通常用 pH 表示。土壤的酸碱度影响土壤中各种离子的浓度和植物对营养元素的吸收，进而影响中药材的质量和产量。土壤根据 pH 分为七个等级：4.5 以下的为强酸性土壤，4.5~5.5 的为酸性土壤，5.5~6.5 的为微酸性土壤，6.5~7.5 的为中性或近于中性土壤，7.5~8.5 的为微碱性土壤，8.5~9.5 的为碱性土壤，9.5 以上的为强碱性土壤。一般来说，北方土壤多碱性，南方土壤多酸性。不同中药材对土壤酸碱度的适应性不同。对于大多数中药材来说，适宜生长在中性土壤上，过酸或者过碱都会影响植物的生长；不过，也有一些中药材喜欢微酸性或微碱性土壤，如桔梗、防风、玉竹、紫苏等喜微酸性土壤，而板蓝根、红花等则喜微碱性土壤；还有一些中药材对土壤的酸碱度要求不高，如丹参、黄芩等。

㉑ 如果土壤为强酸性或强碱性，该如何进行改良？

pH < 4.5 的强酸性土壤或者 pH > 9.5 的强碱性土壤，都会抑制中药材的生长。要在这样的土壤上种植中药材，应该对土壤的酸碱度进行调节，措施主要有以下几种：①多施有机肥。可以就地取材，施用厩肥、堆肥、绿肥、饼肥、沼气肥等。有机肥能改善土壤的缓冲能力，增加有机质含量，改善土壤通气性，提高土壤保水保肥能力，进而帮助调节土壤酸碱度。②施用适宜酸碱度的肥料。通过肥料的酸碱度来调节土壤的酸碱度，在强碱性土壤上可以多施用酸性肥，如过磷酸钙、氯化铵等，在强酸性土壤上多施用碳酸氢铵、硝酸钾、硝基复合肥等碱性肥。③施用专门的酸碱度调节剂。如在强酸性土壤上，可以每年在翻地前撒上生石灰，然后翻地；在强碱性土壤上，可以在翻地时撒施明矾。但是专门的酸碱度调节剂不能频繁和过量施用。

22 中药材种植需要怎样的光照？

光照是植物进行光合作用的必要条件，关系着植物的生长及品质形成。不同类型中药材的生长发育对光照的要求不同。根据其对光照强度的要求不同，可以分为喜光型，如地黄、菊花、山药、颠茄、白术、杜仲、山茱萸、薄荷、黄芪、芍药等；喜阴型，如石斛、淫羊藿、半夏、西洋参等；耐阴型，如桔梗、黄精、姜黄、麦冬、紫花地丁等。根据其对日照时间长短的要求不同，可以分为长日照类型，如红花、萝卜、紫菀等；短日照类型，如紫苏、菊花、苍耳、牵牛等；日中性类型，如颠茄、地黄、蒲公英等。

一般光照较强时，植株茎秆粗壮，叶色浓绿，叶片较厚；光照较弱时，植株节间较长，叶片宽大，较薄。

23 中药材种植需要怎样的温度？

温度是影响中药材生长发育的重要环境因子之一。一般对于植物来说，有三个温度基点：最低温度、最适温度和最高温度。如果突破最低温度和最高温度两个极限温度，植物就会停止生长发育，甚至死亡。根据中药材对温度的要求，可以分为喜热、喜温、喜凉、耐寒等类型。喜热中药材多生长在热带、亚热带地区，如槟榔、沉香、肉桂、砂仁等；喜温中药材多产于亚热带和暖温带地区，如杜仲、辛夷、白术、金银花、菊花、牛膝、地黄、白芷等；喜凉中药材主产于中温带，如黄芪、黄芩、甘草、黄连、防风等；耐寒中药材多分布在西北及青藏高原的寒冷地带，如大黄、冬虫夏草、胡黄连等。

在种植中药材时，种植的温度条件需要和药材对温度的需求特性相吻合，才能生产出高质量的药材。

🄬 中药材种植的需水情况如何？怎样进行科学灌溉？

中药材生长发育需要大量的水分。植物蒸腾作用的水需要土壤供给，土壤中的养分也需要溶入水中，才能被分解和转化，进而被植物吸收利用。土壤水分还影响着土壤微生物的群落分布和活性。根据植物的需水程度，可以将植物分为水生、旱生、湿生和中生四个类型。水生中药材多生长在池塘、水田中，如莲、芡实、泽泻等，旱生中药材多生长在干燥的气候和土壤环境中，抗旱能力比较强，如仙人掌、芦荟、麻黄、肉苁蓉、锁阳等；湿生中药材多生长在高山林下潮湿的环境中，蒸腾强度大，抗旱能力差，如水菖蒲、半边莲、金莲花等；中生中药材对水的需求程度介于旱生和湿生中药材之间，其抗旱和抗涝能力都不强，大多数中药材都属于中生中药材。

中药材不同生长发育阶段对水分的需求和敏感程度也不同。大体来说，前期和后期需水较少，中期需水较多。一般在种子萌发期，种子萌发和出土需要充足的水分；在幼苗期，叶片少、叶面积小，蒸腾量也少，需水量不多；进入营养生长和生殖生长阶段，蒸腾量比较大，需水量更多。

影响中药材需水量的因素除了中药材种类和品种特性，主要是气象条件，干燥、高温、大风天气，蒸腾作用强，需水量就多，反之，需水量就少。

在土壤水分不能满足中药材生长需求的时候，就需要及时灌溉补水。一般科学灌溉应遵循以下原则：①根据中药材的需水特性来灌溉。耐旱的中药材如肉苁蓉、锁阳、甘草等一般不需要灌溉；水生和湿生中药材需水量大，则需要及时足量灌溉；中生中药材干旱时候要及时补水，但是不能过多，更不能积水。②根据生育期需水特点灌溉。如在种子萌发和幼苗阶段，需水量不大，但是对水分很敏感，这个阶段要注意保持湿润。③根据生长环境需求灌溉。如碰上高温干旱的天气，需要及时地灌溉，以降低土壤温度和满足蒸腾作用对水分的需求。需要注意的是，一般高温季节灌溉宜在早晚进行，以防中午或午后高温伤根。

目前，适合中药材的灌溉技术有喷灌、滴灌、流灌、浇灌、沟灌等。要根据当地的灌溉条件、灌溉成本、地势地貌等合理选择灌溉技术。

25 干旱指的是什么？持续干旱对中药材有什么影响？该如何应对？

干旱是指严重缺水的现象。持续干旱会造成大多数中药材地上部分生长受阻，严重的会出现干枯，同时种苗死亡率高、大田病虫害严重。对一些正值地下根茎膨大生长的根及根茎类药材，持续高温会使植株光合作用受阻，干物质消耗多，进而导致减产；对花类与果实类药材，持续高温则会导致落花落果现象严重；对种子类药材，则会导致结实率低。

干旱时，可以采取如下应对措施：①在有灌溉设施和水源的地块，应根据田地干旱情况，适量灌溉。灌溉要遵循"三凉或三低"的灌溉要求，即"天凉、地凉、水凉或气温低、地温低、水温低"，灌溉时间最好在晚上或者早上，切忌在中午或午后高温时进行大水灌溉；切忌长时间浸渍。②做好物理降温。对于百合、半夏、苍术等草本药材，可用秸秆、稻草、谷壳等进行地表覆盖，防晒保墒；对于皂角刺、金（山）银花、黄柏等木本药材，可以在地表覆盖园艺布、防草布等，也可进行树干涂白，降低昼夜温差，减轻日灼伤害；对于一些设施完善的种子种苗繁育基地，可通过搭建遮阳网，减少强光直射，降温保湿，防止日灼。③科学施肥以提升作物的抗逆性。通过合理的施肥，增强植株抗高温和抗旱能力。一般施肥浓度不宜过高，优先选择喷施叶面肥。可在清晨或傍晚，叶面喷施 0.2% 磷酸二氢钾 + 0.2% 硫酸锌。④及时做好病虫害防治。加强病虫害测报，早发现早防控，防止病虫害大面积发生。⑤及时采收。对于一些因高温干旱导致物候期提前的中药材，如半夏，为减少损失，可以及时采收。

26 如果不具备灌溉条件，怎样确保在干旱时候中药材的正常生长？

很多地方由于土地性质的限制，中药材多进山入林，那么在不具备灌溉条件而又容易出现干旱天气的地区，可以采取节水栽培技术，主要有以下几种：①因地制宜，根据降水规律，选择种植耐旱中药材品种，如艾、红花、桔梗、蒲公英等。②土壤培肥。通过增施有机肥、合理深耕等手段提高土壤肥力，既能提高土壤的保水能力，又能提高水分的利用率。③采用土壤保墒技术。通过覆盖、中耕等手段，来减少水分的蒸发。④采用保水剂。保水剂能有效减少水分的无效蒸发，抑制过度的蒸腾，减轻干旱危害。

27 强降雨对中药材有什么影响？该如何应对？

强降雨过后，如果中药材根系被长时间水淹，养分吸收能力则大大减弱，并且植物代谢紊乱，易产生毒害，进而影响中药材的产量和品质。同时强降雨之后，植株抗病能力降低，容易发生大面积病虫害。

针对强降雨，应对措施包括提前防范和灾后补救。提前防范包括对种植的地块周围要科学规划排水沟，保证雨停水走、不积水；对地块配套的沟渠要定期进行疏通，确保汛期能快速排水。灾后补救包括及时排水清淤、加强病虫害综合防治、中耕松土、除草追肥、及时抢收、补种、改种等措施，降低强降雨对中药材生产的影响。

28 中药材种植中常用肥料有哪些？分别有什么特点？

在中药材栽培中，常用的肥料主要有以下几类：①有机肥料。有机肥料是通过微生物的发酵作用，将动植物残体和粪便等有机废弃物质分解、腐熟而成的肥料，包括农家肥、绿肥、堆肥、沤肥等。其优点是养分全，肥效长，富含有机质，可以改善土壤结构，提高土壤肥力，提高中药材的品质；缺点是每次施用量大，养分含量低。②无机肥料。无机肥料指通过物理方法或化学方法生产的，标明养分呈无机盐形式的肥料，主要包括大量元素（氮、磷、钾）肥料、中量元素（钙、镁、硫）肥料和微量元素（铁、锌、铜、硼、钼、氯、镍）肥料，其优点是有效养分高，易溶于水，肥效快；缺点是养分单一，肥效短，长期施用易使土壤板结。③微生物肥料。又称菌肥，是由一种或数种有益微生物经工业化培养而成的生物肥料，有生物有机肥、复合微生物肥、农用微生物菌剂三种。其优点是富含有益微生物，能改善土壤，提高作物的抗逆性，缺点是有保质期，不易保存，容易失活，且其效果受大田环境因素影响比较大。

29 市场上的有机肥料和微生物肥料有何区别？

在市场上有很多的商品有机肥料和微生物肥料，由于消费者不清楚两者的区别，在选择的时候往往容易弄混，其实两者在多个方面都有区别：①成分不同。有机肥料主要含有丰富的有机质和营养物质，如碳、氮、磷、钾等。因此，在有机肥料商品包装上一般标注有机质的含量、总养分的含量，同时有机肥中有效活菌含量较低；而微生物肥料主要包含有益微生物，如固氮菌、解磷类菌剂、植物促生根际菌等。在微生物肥料的商品包装上标注有效活菌数，生物有机肥、复合微生物肥还需要标注有机质含量和总养分含量。②作用特点不同。有机肥料主要通过提供丰富的有机质和全面的养分，改善土壤结构、增加土壤肥力、调节土壤微生物活性等，从而促进植物生长和发育。有机肥料中的养分多以有机养分为主，养分释放缓慢、持续时间长。微生物肥料主要通过引入活性有益微生物，调控土壤微生物群落，提高土壤生物活性和养分转化效率，增强植物的抗逆能力和营养吸收能力。③施用禁忌不同。有机肥料施用简单，禁忌较少，而微生物肥料为了最大程度保持其菌种的活性，促进其在土壤中快速繁殖，有诸多注意事项，如施用时间一般为清晨或者阴天；肥料开口后应一次用完，否则容易被杂菌污染；微生物菌剂严禁与杀菌剂、杀虫剂、除草剂、含硫的化肥（如硫酸钾等）及稻草灰混合施用等。④商品包装上标注不同。有机肥料包装上的执行标准为 NY/T 525—2021，登记证号中有"农肥"字样，有机质 $\geq 30\%$，$N+P_2O_5+K_2O \geq 4\%$；而微生物肥料商品包装上的执行标准为 NY 884—2012（生物有机肥）、NY/T 798—2015（复合微生物肥料）和 GB 20287—2006（农用微生物菌剂），登记证号中有"微生物肥"字样；生物有机肥的有效活菌数 ≥ 0.2 亿/g，有机质 $\geq 40\%$；复合微生物肥（固体）的有效活菌数 ≥ 0.2 亿/g、有机质 $\geq 20\%$、总养分 $8\%\sim25\%$，复合微生物肥（液体）的有效活菌数 ≥ 0.5 亿/mL、总养分 $6\%\sim20\%$；微生物菌剂（颗粒）有效活菌数 ≥ 1.0 亿/g，微生物菌剂（粉剂和液体）有效活菌数 ≥ 2.0 亿/g。

尽管有机肥料和微生物肥料在成分、作用等方面有所区别，但二者可以相互配合使用，以综合提高土壤质量和促进植物的生长。

30 中药材种植中施肥应遵循哪些原则？

中药材种植中施肥应该兼顾环境、产量和效益。根据《中药材生产质量管理规范》第七章第四十八条，中药材种植中施肥应遵循以下原则：①合理确定肥料品种、用量、施肥时期和施用方法，避免过量施用化肥造成土壤退化。应该结合土壤特点、气候特点、中药材种类、中药材不同生长阶段的需肥特点，选择适宜的肥料种类，如选择有机肥料还是无机肥料或者是微生物肥料；选择合适的施用时期，如是在苗期施用还是在营养生长或生殖生长阶段施用；选择科学的施肥方式，如是施底肥还是追肥或叶面喷施等。通过精准施肥、平衡施肥等，提高肥料的利用率，避免肥料浪费和污染环境。②以有机肥料为主，化学肥料有限度地使用，鼓励使用经国家批准的微生物肥料及中药材专用肥。化学肥料尽管具有养分含量高、肥效快等优点，但长期施用会导致土壤板结，不利于中药材产业的可持续发展，所以应该选择环境友好型的有机肥料、微生物肥料及中药材专用肥，同时根据中药材的养分需求，合理搭配大量元素、中量元素和微量元素化肥。③自制自用的有机肥料须经充分腐熟达到无害化标准，避免掺入杂草、有害物质等。目前很多种植户用自己堆制的有机肥，由于腐熟不充分，杂草种子、病原菌含量超标，施用后导致土壤污染，出现杂草丛生、烧苗等现象，抑制中药材正常生长。④禁止直接施用城市生活垃圾、工业垃圾、医院垃圾和人粪便。中药材是治病救人的，国家对其有严格的要求，对可能造成中药材污染的因素一律禁止。

🗟 如何选择合适的季节播种中药材？

在河南，一年四季都有中药材可以播种。但是应该根据中药材的特性、地区生态条件、茬口、收获时间、成本等来综合考虑播种时期。如地黄、山药在焦作地区一般 4~5 月种植，如果过早种植，河南 3 月的倒春寒天气严重的时候会将苗冻死；如果种植太晚，在秋冬季节收获时，质量下降、产量降低。适合夏季在河南播种的中药材品种并不多，主要是由于夏天多高温干旱或强降雨天气，种植后往往需要浇水遮阴，或者排涝，种植成本增加，甚至可能导致绝产。

🗟 中药材的播种方法有哪些？分别有哪些优缺点？

中药材的播种方法主要有两种：大田直播和育苗移栽。

大田直播，就是将中药材种子直接撒播在田地里。这种方法操作简单、成本相对较低，一家一户即可操作，如夏枯草、鱼腥草、红花等。但是如果种子质量不高，播种时期、播种深度、播种量等掌握不好，易造成缺苗、断垄现象。

育苗移栽是利用设施设备，在一定的环境条件下培育幼苗，再移栽到大田的过程。育苗具有培育壮苗，提高种植成活率，加速植物生长等优点，主要针对一些种子较小，幼苗较瘦弱，需要特殊管理，以及苗期比较长，需要延长生育期的中药材种类。目前主要有露地育苗、温床育苗、塑料小拱棚育苗、塑料大棚育苗、玻璃温室育苗等。该方法一般对设施设备、技术都有很高的要求，一家一户育苗的话，成本比较高，更适合集约化、规模化育苗。

㉝ 种子休眠指什么？原因是什么？对中药材种植有何不利影响？

种子休眠是指种子在正常的温度、光照、湿度和氧气条件下不能正常萌发的现象。种子休眠是种子针对外界不良环境的自我保护机制。目前来看，种子休眠原因主要有种皮限制、胚未成熟、抑制萌发物质的存在和次生休眠等。大多数种子都存在着休眠现象，休眠时间有些可长达数月或者数年。

种子休眠对中药材种植的不利影响主要体现在两个方面：①种子选择上，由于休眠种子不能发芽，在选择种子的时候，要考虑其是否已经打破休眠，这增加了选种的复杂性和成本。②采用休眠的种子，植物的整个生育期会延长。

㉞ 生产上有哪些可以促进种子萌发的方法？

在生产上可以用以下几种方法促进种子萌发：①精选种子。选择籽粒饱满、无发霉、无伤裂、大小均匀的种子。②层积处理。种子收获后，将种子和湿沙混合，在合适的湿度、温度条件下保存，播种季节再将种子拿出。这是目前生产上最常用的方法之一。山茱萸、黄精、银杏等种子常用此法来促进萌发。③变温催芽。这也是生产上常用的方法，是将种子放在冷水或温水中，或者冷热水交替浸泡一段时间来促进其萌发的方法。④机械损伤。利用破皮、揉搓等机械方法损伤其种皮，增强其透性，促进萌发。如黄芪、穿心莲种子可以通过沙子揉搓，使其种皮破损，发芽率显著提高。⑤生长调节剂处理。利用适当浓度的赤霉素（GA）、6-苄基腺嘌呤（6-BA）、吲哚乙酸（IAA）等对种子进行浸泡，能够显著提高种子的发芽率。⑥超声波或其他物理方法。超声波、辐射或者强磁场处理都能显著地提高种子的萌发率。

35 中药材的种植密度如何确定？

中药材的种植密度直接关系着中药材的产量和质量，确定中药材的种植密度需要考虑以下几个因素：①植株大小和生长习性。不同种类的中药材植株大小和生长习性各不相同，植株矮小，密度宜大，植株高大，密度宜小。喜阳植物不可密度过大，喜阴植物则不可密度过小。②土壤和肥力条件。土质好、肥沃的土壤可适当加大密度，土质差、贫瘠的土壤，种植密度则宜小。③病虫害防治。一些中药材容易受到病虫害的侵害，如果播种密度过高，植株之间的距离较小，容易造成病虫害的传播。④栽培方式和设施条件。例如，如果需要进行机械化的中耕、收获等，株行距就需要适当加大，如果下一季还需要套种其他中药材，则要预留足够的套种空间。

36 中药材的栽培过程中如何防范野生动物侵害？

目前很多中药材都种植在山地或者林间，野生动物的侵害是一个常见的问题。可以采取以下方法防治野生动物的侵害：①围栏保护。在中药材种植区域周围设置围栏，可以有效地防止野生动物的侵入。围栏的高度应该在1.5m以上，以防止大型野生动物越过。②人工防范。在中药材种植区域周围设置人工防范措施，例如稻草人等，可以威慑野生动物，使其远离中药材种植区域。③声光驱赶。使用声光驱赶设备，如警报器、闪光灯等，可以吓跑野生动物，防止其对中药材的侵害。④天然驱虫剂。使用天然驱虫剂，如辣椒、大蒜、生姜等，可以有效地驱赶中药材种植区域内的害虫和小型哺乳动物。⑤人工捕捉。对于一些特别难以防范的野生动物侵害，在法律法规许可的条件下，可以采用人工捕捉的方式进行防范。

37 什么是修剪？哪些中药材需要修剪？修剪的方法和注意事项有哪些？

修剪是指剪除不必要的枝条或者调整植物的结构，包括修枝和修根。修剪通过调节植物生长，改善通风透光条件，控制旺长，来达到优质优产的目的。大多数木本中药材都需要修剪，如连翘、杜仲、金银花、栀子、山茱萸、辛夷等。修剪方法主要包括疏枝、短截、摘心、扭梢等。

在修剪过程中，应注意观察植株生长状况，根据实际情况选择合适的修剪方法和时间。同时，修剪后要及时清理修剪掉的枝叶，以减少病虫害的发生。在进行修剪时，还要注意保持植株的水分和养分供应，以保证修剪后的生长恢复。

38 哪些中药材需要进行嫁接？嫁接的方法和注意事项有哪些？

嫁接是指将优良品种的枝或芽移接到另一植株上，使之愈合生长在一起而形成一个独立的新植株的植物繁殖方法，是常用的一种无性繁殖。嫁接主要用于难以直接栽培的品种的繁育、缩短生育期和改善品种。常用的嫁接方法有顶接、割口嫁接、榫接、劈接、鞘接等。

嫁接应注意以下几点：①选择合适的嫁接时间和部位。一般在春季植物生长旺盛期进行嫁接，选择健康、生长旺盛的植株作为砧木和接芽。②在嫁接前，对砧木和接芽进行修剪，去除病虫害和过密枝条。③在嫁接过程中，切口要平整、无毛刺，以确保两者的木质部和韧皮部紧密贴合。④嫁接完成后，用塑料薄膜或其他包扎材料将嫁接部位紧密包扎，防止空气进入，促进愈合。⑤嫁接后要加强水肥管理，保持土壤湿润，促进植株生长。

四 中药材种植的病虫草害防治

❶ 病虫草害对中药材有何影响？

病虫草害是主要的农业灾害之一，常对农业生产造成重大损失，其对中药材的影响主要有两点：①减少产量。病虫害会破坏中药材的植物组织，杂草会与中药材争夺水分、养分和光照，导致中药材植株凋落、枯死等问题，进而降低中药材的产量。②影响品质和药效。受到病虫草害侵害的中药材，其营养成分和有效成分的含量常常会受到影响。如虫害可能导致中药材的外观受损、色泽不佳，而病害可能引起霉变、细菌感染等，影响中药材的品质和药效。

❷ 中药材的病虫草害防治应该遵循哪些原则？

中药材不同于其他作物，其品质是第一位的，病虫草害防治时对药物的选择和使用要更加谨慎。优选绿色防控技术，可以很好地兼顾防治效果和药材质量。

中药材的病虫草害防治应遵循以下原则：①预防为主原则。通过采取科学的预防措施，如选择适宜的种植地点、合理施肥、加强中药材的生长管理等，减少病虫害的发生。②综合防治原则。采用农业防治、物理防治、生物防治、化学防治等多种措施，达到综合防治的效果。如合理轮作、选择抗病虫草害品种、保持良好的生态环境等，以提高中药材的整体抗病虫草害能力。③选择性防治原则。根据病虫草害的种类、危害程度等特点，选择适宜的防治手段，避免不必要的防治措施，减少对环境的影响。④绿色环保原则。选择环保、无毒的农药或替代品进行防治，避免对环境和人体健康造成不良影响。⑤合理使用农药原则。按照农药的使用说明，合理掌握使用剂量、使用时机和使用方法，避免农药滥用，防止农药残留和对农田生态环境的污染。⑥定期监测和早期防治原则。定期对中药材进行病虫草害的监测，及时发现问题并采取相应的防治措施，防止病虫草害扩散和危害加重。

总之，中药材的病虫草害防治应遵循预防为主、综合防治的植保原则，做好病虫害的测报工作，做到早防早治，优先采用环境友好型的绿色防控措施，尽量减少化学农药的施用，以保障中药材的产量和质量。

❸ 为什么选择绿色防控？绿色防控具体包含哪些技术？

绿色防控是综合防治策略的深化和发展，是指以确保农业生产、农产品质量和农业生态环境安全为目标，以减少化学农药使用为目的的一项环境友好型植保技术。选择绿色防控主要有以下原因：①传统防治方法中农药过量施用问题严重，导致的农药残留、生态恶化、重金属超标问题突出，带来的环境污染、食品药品安全问题越来越令人担忧。②绿色防控以植物为核心、以人为本的理念，对病虫草害从以前的"治"转变为现在的"控"，不再把植物保护的目标放在病虫草害身上，不再把用药当作首选手段，而是把提高植物自身的抵抗力、改善环境、采用环境友好型措施当作根本手段，能够很好地保障中药材的品质。③多数中药材登记可用的农药数量少，有的甚至没有，而我国《农药管理条例》规定，农药禁止在没有登记的作物上使用。因此，绿色防控无疑是中药材病虫草害防治的一条可行路径。

绿色防控具体包括生态调控技术、物理防治技术、生物防治技术、化学防治技术、科学用药技术等。

❹ 什么是生态调控？具体有哪些措施？

生态调控指的是通过调整和改善中药材的生长环境，以增强中药材对病虫草害的抵抗力，创造不利于病原物、害虫和杂草生长发育或传播的条件，以控制、避免或减轻病虫草的危害。目前常见的技术措施主要有选用抗病虫草害品种、调整品种布局、选留健壮种苗、轮作、深耕灭茬、调节播种期、合理施肥、及时灌溉排水、适度整枝打杈、清洁田园等。

5 什么是物理防治？具体有哪些措施？

物理防治也叫物理机械防治，指的是利用各种物理因子、人工或器械进行有害生物的防治，在绿色防控中多作为辅助性措施使用。

目前常见的技术措施：①利用夜间活动昆虫的趋光性，安装频振式杀虫灯、黑光灯等对其进行诱杀。②利用昆虫的趋化性，在田间悬挂诱虫板、性诱剂、趋避剂、种植诱集植物等进行防治，如悬挂黄板诱蚜，悬挂糖醋液诱杀黏虫和地老虎，用杨树枝诱集棉铃虫成虫等。③利用昆虫的活动规律，设置适当的障碍物，阻止害虫扩散或直接消灭，如套袋阻止果类食心虫为害或产卵，在树干上涂胶、刷白，防止树木害虫下树越冬或上树为害。④利用 γ 射线处理害虫，此种技术除造成害虫不育外，还能直接将其杀死，在仓储类害虫中运用较多；其他还有利用紫外线、X 射线以及激光技术对害虫进行辐射、诱杀等。

6 什么是生物防治？具体有哪些措施？

生物防治是指利用一种生物对付另一种生物的方法。大致可以分为以虫治虫、以鸟治虫和以菌治虫三大类，是降低杂草和害虫等有害生物种群密度的一种方法。生物防治利用了生物物种间的相互关系，以一种或一类生物抑制另一种或另一类生物。比如，利用瓢虫、寄生蜂等进行蚜虫的防治，释放赤眼蜂防治玉米螟、草地贪夜蛾等；利用苏云金杆菌（Bt）防治玉米螟、棉铃虫、菜青虫等多种鳞翅目害虫；利用茴香霉素防治稗草和马唐等一年生禾本科杂草和阔叶杂草。

7 什么是化学防治？具体有哪些措施？

化学防治是使用化学药剂来防治病虫、杂草和鼠类的一种方法。一般采用浸种、拌种、毒饵、喷粉、喷雾和熏蒸等方法。大田上常用的措施包括杀虫剂的应用、杀菌剂的应用、植物生长调节剂的应用等。对于中药材，使用化学防治技术，一定要注意农药的合理、合法使用，不要过量用药，要注意采收前的安全期喷药，正确利用农药的半衰期，在收获前 7~15 天停止喷药。

🔢8 什么是科学用药？科学用药需要注意哪些问题？

科学用药是指在农业生产过程中采用科学、合理的农药使用方法，确保农药对农产品、环境、人类健康等方面的安全，达到防治病虫害、提高产量、保证品质的目的。

科学用药需要注意以下几点：①针对不同的病虫草害，选择合适的农药品种和剂型，并严格按照使用说明进行使用，不得随意增加用药量和浓度。②根据病虫草害的发生规律和作物生长特点，选择合适的施药时机，确保防治效果。③规范施药操作，施药前穿戴防护用品，施药时要避开风雨天气，避免药液飘散和污染环境。④注意药剂的交替使用，避免长期使用一种农药。

🔢9 在中药材上禁止使用的农药有哪些？

2019 年，农业农村部公布的禁用（停用）农药共计 46 种，包括六六六、滴滴涕、毒杀芬、二溴氯丙烷、杀虫脒、二溴乙烷、除草醚、艾氏剂、狄氏剂、汞制剂、砷类、铅类、敌枯双、氟乙酰胺、甘氟、毒鼠强、氟乙酸钠、毒鼠硅、甲胺磷、对硫磷、甲基对硫磷、久效磷、磷胺、苯线磷、地虫硫磷、甲基硫环磷、磷化钙、磷化镁、磷化锌、硫线磷、蝇毒磷、治螟磷、特丁硫磷、氯磺隆、胺苯磺隆、甲磺隆、福美胂、福美甲胂、三氯杀螨醇、林丹、硫丹、溴甲烷、氟虫胺、杀扑磷、百草枯、2，4- 滴丁酯。

农业农村部公布的在部分范围禁止使用的 20 种农药中，禁止在中药材上使用的有15种，包含甲拌磷、甲基异柳磷、克百威、水胺硫磷、氧乐果、灭多威、涕灭威、灭线磷、内吸磷、硫环磷、氯唑磷、乙酰甲胺磷、丁硫克百威、乐果、氟虫腈。

《中华人民共和国药典》（2020年版）中规定中药材中禁用农药共计33种，均在农业农村部公布的禁止使用农药名单中，包括甲胺磷、甲基对硫磷、对硫磷、久效磷、磷胺、六六六、滴滴涕、杀虫脒、除草醚、艾氏剂、狄氏剂、苯线磷、地虫硫磷、硫线磷、蝇毒磷、治螟磷、特丁硫磷、氯磺隆、胺苯磺隆、甲磺隆、甲拌磷、甲基异柳磷、内吸磷、克百威、涕灭威、灭线磷、氯唑磷、水胺硫磷、硫丹、氟虫腈、三氯杀螨醇、硫环磷、甲基硫环磷。

2024年7月26日，国家药典委发布了《关于0212药材和饮片检定通则标准草案的公示》，其中，禁用农药新增14种，分别为杀扑磷、2，4-滴丁酯、灭多威、氧乐果、乐果、乙酰甲胺磷、乙酯杀螨醇、八氯二丙醚、氟虫胺、氯丹、灭蚁灵、六氯苯、七氯、异狄氏剂。其中乙酯杀螨醇、八氯二丙醚、氯丹、灭蚁灵、六氯苯、七氯、异狄氏剂7种农药不在农业农村部禁止使用农药名单中。

需要指出的是，农业农村部公布的在中药材上禁用（停用）的农药和《中华人民共和国药典》中禁用的农药均禁止在中药材上使用。

⑩ 新版《中药材生产质量管理规范》（GAP）对农药使用有哪些规定？

新版《中药材生产质量管理规范》（GAP）对农药使用的规定主要包括以下几方面：①禁止使用剧毒、高毒、高残留农药，以及限制在中药材上使用的其他农药。②提倡使用高效、低毒生物源农药，并按照规定的剂量使用，不得任意增加用量和扩大使用范围。③不得在中药材生产过程中使用未经登记注册的农药。④应当建立中药材生产档案，记录生产过程和农药使用情况，确保可追溯性。⑤在中药材生产过程中，应当采取适当的措施，防止农药残留和重金属污染。

总之，新版GAP对农药使用的规定更加严格，强调了中药材生产的质量和安全要求，以确保中药材的有效性和安全性。

⓫ 中药材病害如何分类？

按病原物划分，中药材病害可分为真菌性病害（如白粉病、炭疽病等）、细菌性病害（如青枯病、软腐病等）、病毒性病害（如花叶病、矮缩病等）等；按发病部位可分为根部病害（如根腐病、炭疽病等）、茎部病害（如煤污病、霜霉病等）、叶部病害（如白粉病、黑斑病等）和果实病害（如腐烂病、疮痂病等）等；按病害特征可分为溃疡病害（如炭疽病、细菌性斑点病等）等、软腐病害（如软腐病、青霉病等）、褐变病害（如茎枯病、心腐病等）等；按传播方式可分为气传病害（如白粉病、霜霉病等）、水传病害（如霜霉病、锈病等）、土传病害（如根腐病、煤污病等）、种苗传播病害和昆虫介体传播病害（如蚜虫传播的花叶病等）等。

⓬ 如何识别与防治真菌性病害？

真菌性病害的症状具备以下两个特征：一是有不同形状、颜色和大小的病斑。例如，圆形、不规则形、斑点状、环状或凹陷的病斑存在于植株的叶片、茎、果实等各个部位。二是病斑上有不同颜色的霉状物或粉状物，颜色有白、黑、灰、褐、红等，颜色通常与真菌病原体和感染程度有关，这是诊断病害是否属于真菌病害的主要依据。真菌性病害在田间有明显的发病中心，呈辐射状扩散，发病部位病健交界处明显，边缘可能有不同颜色的边缘线，后期病斑愈合致叶片枯死，或侵染茎秆致整株枯死。真菌病害通常伴随着孢子的形成。观察病斑表面是否存在棉絮状、粉末状或胶体状的物质，这些可能是真菌的孢子。真菌性病害还常伴随其他的病害症状，如植物叶片干枯、变形、萎蔫等。常见的真菌性病害有白粉病、炭疽病、霜霉病、叶斑病、根腐病等。

　　真菌性病害的防治应遵循"预防为主，综合防治"的植保方针，主要防治措施包括：①选择无病种子种苗，使用多菌灵、福美双、甲基硫菌灵等浸种。②起垄种植、高架栽培、合理密植、清除田间病残体。③与禾本科植物轮作，忌与芝麻、油菜、花生、豆类、西瓜、黄瓜、甘薯等作物连作。④少施氮肥，多施磷钾肥，避免大水漫灌，雨季及时排水，保证田间无积水。⑤结合滴灌设施，使用生物菌剂，如假单胞杆菌、枯草芽孢杆菌、解淀粉芽孢杆菌等，提高作物抗病性。⑥发病初期，可用代森锰锌、烯唑醇、戊唑醇、甲基硫菌灵、氟硅唑、嘧菌酯、苯醚甲环唑、丙环唑等进行交替防治，注意用药要严格遵守《农药管理条例》和《中药材生产质量管理规范》，并按照推荐剂量和用药间隔期进行使用，避免对环境造成污染。

⑬ 如何识别白粉病？

　　白粉病是由真菌引起的传染性病害。发病初期产生白色粉状小斑点，扩大后为白色圆形霉斑，在花、果、叶及嫩枝上覆盖白色粉状物，后期在白粉物上出现散生状针头大的颗粒，颗粒由白变黄，最后变黑。白粉病可能导致叶片变形、卷曲和萎缩。

⑭ 如何识别炭疽病？

　　引起炭疽病的真菌属于半知菌的黑盘孢目刺盘孢属。叶部发病初期出现暗绿色水渍状小斑点，后扩大成褐色或黑褐色的圆形、椭圆形或不规则形大斑，病斑边缘常有明显的红色或黄色环带，病斑中间为灰褐至灰白色，有轮纹，上生黑色小点，发病部位变硬变脆，雨水冲刷后容易穿孔破裂，可能出现凹陷、溃烂和坏死。病斑上有轮生状排列的黑点，潮湿时黑点出现粉红色胶状黏液，此为炭疽病特有的症状。炭疽病也出现在果实、茎干上，导致植株生长不良，后期可导致整株枯黄、落叶。

⓯ 如何识别锈病？

锈病是由锈菌寄生引起的一类植物病害，主要危害叶片，也可危害果实、叶柄、果柄及新梢等绿色幼嫩组织。如果是叶片发病，初患病时正面出现油亮的橘红色小斑点，逐渐扩大，形成圆形橙黄色的病斑，边缘红色，后期常破裂，散出淡黄色、橘黄色、锈褐色或黑色粉状物，是病菌不同阶段的孢子；如果是叶柄发病，病部橙黄色，稍隆起，多呈纺锤形，初期表面产生小点状性孢子器，后期病斑背部产生毛刷状的锈孢子器；如果是新梢发病，刚开始与叶柄受害病症相似，后期病部凹陷、龟裂、易折断，冬孢子角深褐色，起伏呈鸡冠状，遇阴雨连绵则吸水膨大，呈胶质花瓣状；如果是果实发病，多在萼洼附近形成直径 1cm 左右的病斑，前期橙黄色，后期变成黑色，中间产生性孢子器，周围长出毛状的锈孢子器，病果生长停滞，病部坚硬，多呈畸形，往往提前脱落。

⓰ 如何识别霜霉病？

霜霉病是由真菌中的霜霉菌引起的一类植物病害，可危害叶、果、嫩枝，以叶片最为明显。初发病时，叶面上出现边缘不明显的黄白色至黄色斑点，扩展时受叶脉限制呈多角形至不规则状，湿度大时叶背面病部产生灰白色霜霉状物，霜状或稀或密，叶片正面往往黄色，无明显边缘。受感染的叶片可能会出现黄化、枯死、畸形或早落等症状。

17 如何识别褐斑病？

褐斑病主要是由立枯丝核菌引起的一种真菌病害，主要危害叶片、叶柄和果梗。受害初期叶片出现褐色小点，以后扩展成圆形或椭圆形、褐色或深棕色的病斑，病斑可能表面凹陷或稍微隆起，病斑的边缘清晰，有时可能有一层细小的黑色线条，后期病斑内密集分布着黑褐色小颗粒（分生孢子堆），病斑连在一起时，会使叶片大面积枯死。

18 如何识别与防治细菌性病害？

细菌性病害主要有以下几个特征：①作物感染细菌性病害后，也会出现病斑，但病斑上没有霉状物，如细菌性角斑病与霜霉病症状相似，叶片都出现多角形病斑，容易混淆，但霜霉病在潮湿时病斑上长有黑色的霉，而角斑病没有，且病健交界处不明显。②细菌性病害可能导致作物出现叶枯、溃疡、黄化、矮小等现象，包括果实溃疡或疮痂，果面有小凸起，根部青枯，根尖端维管束变成褐色，后期叶片发黄脱落，整株青枯。③作物被感染后，根据严重程度，会出现不同程度的腐烂现象。④有臭味为细菌性病害的重要特征。如软腐病、根茎腐病等，会出现腐烂、流出黏液现象，通过嗅染病的部位即可发现。

细菌性病害要结合实际情况来选择适合的方法进行防治。同时，也要注意观察病情发展，及时调整防治策略。常见的措施包括：①选用抗病品种，合理轮作，及时清除田间病株残体，减少病原物的传播。加强田间管理，如合理施肥、浇水等，提高植物的抗病能力。②利用高温处理种子，可以杀死种子表面的病原物。利用太阳能进行土壤消毒。③利用有益微生物或其代谢产物来防治细菌性病害，如拮抗细菌、放线菌等生物制剂。④在病害发生初期，及时使用化学药剂进行防治。常用的药剂有波尔多液、噻菌铜、喹啉铜、噻森铜、链霉素、中生菌素、春雷霉素、申嗪霉素、乙蒜素等。注意药剂的交替使用和合理配比，避免病原物产生抗药性。

⑲ 如何识别斑点型细菌性病害？

斑点型细菌性病害由假单孢杆菌侵染引起，通常在叶片上出现圆形或不规则形的斑点，颜色可能为黄色、褐色或黑色，这些斑点分布较为均匀，周围可能有黄色晕圈。随着病情加重，斑点可能扩大并连成斑块。最后可能伴随叶片枯黄、卷曲等症状。在潮湿的条件下，叶片的气孔、水孔、皮孔及伤口上有大量的细菌溢出黏状物，也就是细菌脓。这个特征可以作为判断斑点型细菌性病害的重要依据。

⑳ 如何识别叶枯型细菌性病害？

叶枯型细菌性病害多数由黄单孢杆菌侵染引起，植物受侵染后，先出现局部坏死的水渍状半透明病斑，随着病情发展，会逐渐黄化、融合、变黑，最终导致叶片枯萎，这些症状会严重影响植株的生长发育。此外，在潮湿时，叶片会出现细菌脓。

㉑ 如何识别青枯型细菌性病害？

青枯型细菌性病害一般由假单孢杆菌侵染植物维管束，阻塞输导通路引起。植物叶片会出现黄化和脱水的症状，黄化通常从边缘开始，然后扩展到整个叶片，最终导致叶片枯萎死亡。植株保持绿色，但维管束变褐。用手挤压茎秆，会有乳白色黏液渗出。受感染的植物茎部和果实可能出现软烂、变黑或褐色的腐烂现象。

22 如何识别溃疡型细菌性病害？

溃疡型细菌性病害一般由黄单孢杆菌所致，在叶片上形成的溃疡状的病斑通常呈圆形或不规则形，颜色通常是褐色或黑色，病斑的边缘可能是清晰的。后期病斑木栓化，边缘隆起，中心凹陷，呈溃疡状。溃疡型细菌性病害可能导致继发感染，例如腐败或继发性真菌感染。这可以进一步加重病害的症状和损害植物的健康。

23 如何识别腐烂型细菌性病害？

腐烂型细菌性病害多数由欧文氏杆菌侵染引起，植株被侵染后，病部会出现软腐、黏滑的现象，无残留纤维，并伴随有硫化氢的臭气。

24 如何识别畸形型细菌性病害？

畸形型细菌性病害由癌肿野杆菌侵染所致，植物的根、根茎、侧根以及枝干等发生畸形，呈瘤肿状，如菊花根癌病等。

25 如何识别与防治病毒性病害？

病毒性病害主要通过昆虫（如蚜虫、叶蝉、粉虱等）传播，也可以通过病株汁液接触传播。其病害的症状多种多样，包括变色、坏死和畸形。变色主要表现为花叶和黄化；坏死可能导致叶片上出现各种枯斑和环斑，有时甚至整株坏死；畸形则表现为卷叶、缩叶、皱叶、萎缩、丛枝、癌肿、丛生、矮化、缩顶等。

病毒性病害的特点：①种类少，危害大。②分布广，几乎所有植物都有病毒病，甚至一种植物同时有 1~4 种病毒病。③该病为系统性病害，症状分布不均匀，新叶症状较重。④防治难，无特效药。一旦植物感染病毒，就很难将其完全清除。⑤传播速度快，植物病毒可以通过昆虫、田间农具、种子、组织培养等多种方式传播。

病毒性病害的防治可以从以下几个方面入手：①从健康植株上采收种子，繁育无毒种苗。②加强田间管理，精耕细作，消灭杂草，减少传染源；增施有机肥，配合磷、钾肥，促进植株健壮生长，提高抗病力；加强水分管理，避免干旱现象。③控制传播媒介，及时防治蚜虫、叶蝉等传播病毒的昆虫。④在发病初期，可使用一些特定的药剂进行防治，如氨基寡糖素、香菇多糖、菌毒清、病毒 A 或植病灵等，注意药剂的轮流交替使用，避免病原物产生抗药性。

预防和控制植物病毒性病害，需要结合不同的防治手段来进行综合管理。此外，及早发现和诊断病害，对于采取有效的防治措施也非常重要。

26 中药材虫害如何分类？

按害虫的取食方式划分，可分为刺吸式、舐吸式、咀嚼式、嚼吸式、虹吸式五大类，其中刺吸式害虫和咀嚼式害虫最为常见；按害虫的生活习性划分，可分为地下害虫和地上害虫；按害虫的食性划分，可分为食叶类害虫与钻蛀类害虫。

27 常见的刺吸式害虫有哪些？其危害特征是什么？如何防治？

常见的刺吸式害虫有蚜虫、飞虱、叶蝉、盲蝽等，该类害虫常群集于叶片、嫩茎、花蕾、顶芽等部位，刺吸汁液，使叶片皱缩、卷曲、畸形，严重时引起枝叶枯萎甚至整株死亡。

刺吸式害虫的危害有以下特征：①侵害植物以"量"取胜。②群体危害期长且容易重叠发生。③易借助各种媒介传播扩散蔓延。④各类环境都易发生。

⑤容易产生抗药性。⑥多数是病原微生物（主要是病毒、类菌质体）的携带者和中间传媒。

刺吸式害虫防治要把握"防早、防小"的原则，在害虫发生的初期进行防治，常用的方法有：①加强栽培管理，提高植物自身的抗逆能力，减少害虫的发生机会。例如，合理施肥、浇水、除草等，使植物生长健壮，提高抗虫能力。②利用害虫的趋光性、趋黄性等特性，使用黄板、灯光诱杀等方法进行防治。③引入天敌昆虫或病原微生物进行生物防治。例如，引入寄生蜂、瓢虫等天敌昆虫，或喷洒生物农药如 Bt 乳剂、苦参碱水剂、天然除虫菊素、茚虫威等来防治刺吸式害虫。④在害虫发生初期使用合适的化学农药，如联苯菊酯、高效氯氰菊酯、吡蚜酮、辟蚜雾、吡虫啉等及时防治。但需注意用药要严格遵守《农药管理条例》和《中药材生产质量管理规范》，并按照推荐剂量和用药间隔期进行使用，避免对环境造成污染。

28 常见的咀嚼式害虫有哪些？其危害有哪些特征？如何防治？

常见的咀嚼式害虫有棉铃虫、玉米螟、蝗虫、蝼蛄、天牛、叶甲、金龟子等。

咀嚼式害虫的危害特征是造成植物机械性损伤。它们会咬食植物的叶片、茎秆、果实等部位，导致叶片出现缺刻、孔洞，叶肉被潜食后形成弯曲的虫道或留下白斑等损伤。严重时，它们甚至能将植株叶片吃光，或者咬断根、茎基部，对植物造成较大危害。

咀嚼式害虫常见的防治方法有：①采取一系列农业管理措施，如合理轮作、深耕细耙、中耕除草等，以破坏害虫的栖息场所和减少虫源。②利用害虫的趋光性、趋化性等特性，采用灯光诱杀、色板诱杀、性诱剂诱杀等方法进行防治。③保护和利用天敌，如利用寄生蜂、捕食性昆虫等控制害虫数量。同时，可使用生物农药进行防治，如苏云金芽孢杆菌、棉铃虫核型多角体病毒、多杀菌素、灭幼脲和除虫脲等。④在害虫发生初期使用化学农药进行防治。常见的有高效氯氰菊酯、虫螨腈、甲氨基阿维菌素苯甲酸盐、虫酰肼、氯虫苯甲酰胺、敌百虫晶体和辛硫磷等。

㉙ 农田杂草怎么分类？如何处理中药材田间的杂草？

农田杂草常见的分类包括：①根据生活周期和生长特性，可以分为一年生杂草、二年生杂草和多年生杂草。②根据形态特征，可以分为禾草类、莎草类、阔叶草类等。③根据其对作物的危害方式，可以分为竞争性杂草、寄生性杂草和病原性杂草。

中药材大田杂草防控技术，以"综合防控、治早治小、减量增效"为原则，具体措施包括：①人工除草。掌握"除早除小除了"的原则，当苗高 3cm 时，及时拔草，苗高 7~8cm 时再除草一次，以后发现有草，及时拔除。②机械除草。使用除草机、割草机等农业机械进行除草，但有些死角还需配合人工去处理。③农业综合措施除草。可以充分发挥轮作休耕、深耕除草、覆盖除草、套种高秆作物等农业、物理及生态措施的作用，降低杂草发生基数，减轻化学除草压力。通过土地深翻平整、清洁药园、肥水壮苗、施用腐熟粪肥、水旱轮作、合理换茬等措施，形成不利于杂草萌芽的环境，保持有利于中药材良好生长的生态条件，促进中药材生长。④化学除草。一是播种前灭生除草。选好地块，播种前 1 个月，等地里杂草出土，喷一次草甘膦。二是播种后封闭除草。亩用 33% 的二甲戊灵乳油 25ml，兑水 40kg（1 600 倍液）。三是出苗后苗期除草。冬前或初春，在中药材苗期，根据杂草的种类选用合适的除草剂。

㉚ 使用化学除草剂有哪些注意事项？

化学除草剂使用过程中，要注意以下几点：①对症下药。注意化学除草剂的选择性、专一性和时间性，不可误用、乱用，防止杀死药苗。②严格掌握限用剂量。使用时应综合考虑农田小气候、具体土质，严格按药品说明规定的剂量范围、用药浓度和用药量使用。③合理混用药剂。两种以上除草剂混合使用时，要严格掌握配合比例、施药时间及喷药技术，并要考虑彼此间有无抵抗作用或其他副作用。可先取少量进行可混性试验，若出现沉淀、絮结、分层、漂浮和变质，说明其安全性已发生改变，则不能混用。此外，还要注意混合剂的增效功能，如杀草丹和敌稗混合剂，除草功效比各单剂除草功效的总和要大，使用时要降低混合剂药量（一般在各单剂药量的一半以内），以免发生药害，保证药材安全。④注意施药隔离和风向，雾滴不过细，以免飘移造成邻近农田受到药害，同时注意对下茬作物的影响。⑤规范喷施。掌握好喷施除草剂的最佳时间和技术操作要领，妥善保存好药剂，防止错用，并做好喷雾器具的清洗，以免误用，使其他作物产生药害。⑥留意环境。注意环境条件对除草剂的影响，温度、水分、光照、土壤类型、有机质含量、土壤耕作和整地水平等因素，都会直接或间接影响除草剂的除草效果。⑦灵活用药。药用植物基部药土法施药除草，要在无露水条件下进行，以免茎叶接触药液受害。对作物籽苗、胚芽敏感的药剂，土壤处理应在播种前盖籽后施药，并尽量提高播种质量，适当增加播种量。一些移栽药材因其苗大，而杂草幼小，可采取苗带（幼苗附近 20~30cm 宽）集中施药。耐选择性差或触杀性除草剂实施保护性施药，即将药液直接喷雾或泼浇于土表，尽量不接触药材幼苗，且不能拖延至苗体旺盛、绿叶面积大时施用。若茬口允许，可在药材播栽前采取旱地浇灌、水田湿润和盖膜诱发等措施，使杂草提前萌发，再以药剂杀灭。⑧谨慎选择。农业农村部目前还没有正式备案用于中药材田的除草剂，市场上销售的标注专门用于中药材田的除草剂，包装盒大多有"中转包""中转袋""中转盒"标识，因此，必须在有实践经验的专家或技术人员指导下购买除草剂或实施除草作业，以免造成经济损失和不良后果。需要注意的是，使用除草剂时需要选择对中药材安全的产品，并在使用前仔细阅读使用说明。

31 如何正确使用绿色防控技术?

正确利用绿色防控技术防治中药材的病虫草害，包括以下几个步骤：①了解田间主要病虫草害的种类、习性、生命周期等特点，以及它们的危害方式。②做好农田病虫草害的监测，及时掌握其发生动态，结合气象、环境等因素进行预警，为采取适当的防控措施提供依据。③根据病虫草害的特性，优先选择合适的非化学防控方法。例如，可以利用天敌昆虫控制害虫，使用生物农药或植物源农药进行防治，应用农业措施调整作物生长环境等。④当非化学方法不能满足防治需求时，可以有选择地使用化学农药。但必须遵循"安全、有效、经济、简便"的原则，选用高效、低毒、低残留农药，并严格按照推荐剂量和用药间隔期进行使用。

 案例 1

丹参根腐病

该病由镰孢菌属真菌侵染根部引起，可造成植株枯萎和根腐症状，严重时导致绝产，是影响丹参产量和品质的一种主要病害。

根腐病作为一种土传性病害，一旦大发生，就基本意味着绝收，要毁掉重栽，因此对于该病来说，预防大于治疗。这就要求我们在防控该病时，要重视生态调控措施，如选用综合性状良好的丹参品种；与禾本科作物轮作，避免与根茎类作物或线虫病发生严重的作物轮作；合理密植，密度保持在每亩8 000～11 000株；合理施肥，施肥以商品有机肥料为主，复合肥料为辅；发病初期及时挖出病株，对土壤进行处理；对周围植株，每667m² 使用1 000亿 CFU/g枯草芽孢杆菌可湿性粉剂20～25g,也可使用70%噁霉灵可溶粉剂1 500倍液或40%异菌·氟啶胺悬浮剂1 000～1 500倍液对茎基部进行喷淋防治。

蛴螬——金银花的地下害虫

蛴螬为金龟子的幼虫。以河南省南阳地区为例，该地区金银花田常见的金龟子为铜绿丽金龟和暗黑鳃金龟两种。

以数量最多的铜绿丽金龟来看，其在南阳地区1年发生1代，以老熟幼虫越冬，翌年4月上中旬上升为害，5月下旬至6月上旬化蛹，成虫6月中旬盛发，产卵盛期为6月下旬至7月上旬，幼虫孵化盛期在7月中下旬，危害盛期在8月中下旬。该虫以幼虫为害为主，其幼虫在地下3~10cm处为害，咬食金银花的根茎，将主侧根环食或将须根全部吃光，导致死根、树势早衰。同时受蛴螬为害的根部，更易受根腐病病菌的侵染，特别是在多雨年份的低洼园地，常出现整株、成片金银花的死亡。成虫咬食金银花的叶片、花蕾、花瓣等，造成直接减产。

根据其发生规律和危害特点来看，该虫的幼虫长期藏于地下，不易被发现，直接用药效果很差。因此，在该虫的防治中，我们就要主防成虫，减少其产卵量，进而压低虫源。防治成虫主要有两种办法，一是利用其趋光性，每年5~7月在田间安装黑光灯或频振式杀虫灯对其进行诱杀，连续诱杀2~3年，可极大地减轻蛴螬的危害；二是可以利用铜绿丽金龟对蓖麻、暗黑鳃金龟对小叶女贞的偏爱，在金银花田及其周边带状、小面积种植诱集植物，将金龟子引诱到诱集植物上集中灭杀。对已发生危害的地块，因其以幼虫滞育进行越冬，有条件的话，冬季可以深耕翻晒，杀死越冬幼虫，以减少来年的虫源基数，或在其幼虫孵化初期，利用昆虫病原线虫、绿僵菌、白僵菌等生物农药进行灌根防治。

五、中药材的采收、加工与储藏

1 什么是中药材的采收？

中药材的采收是指在药用植物生长发育到一定阶段，入药部位或器官已符合药用要求，并且产量与活性成分的积累已达到最佳程度时，采取一定的技术措施，从田间将其收集、运回的过程。

不同种类中药材的生长发育进程差异较大，在采收过程中，应注意选择适当的采收时间、采收方式、处理和储存方式等，以确保药材的品质和功效。采收过程的正确执行对于保证中药材的质量和疗效至关重要。

2 中药材采收过程中应注意哪些问题？

中药材的采收过程是影响其质量和药效的重要环节，需要注意以下问题：①选择合适的采收时间。选择合适的天气采收，避免恶劣天气对中药材质量的影响。一般在晴天的早晨或傍晚，此时气温适宜，湿度适中，有利于更好地保留中药材的有效成分。具体的采收时间还需根据不同药材的特性而定。②选择合适的采收工具。要保持工具的清洁卫生，以避免交叉污染。③采用正确的采收方式，避免损伤植物，减少对中药材的影响。例如，有的中药材需要整株采收，有的只采收部分植物器官。④避免污染。在采收过程中要尽量避免对中药材的污染。可以选择干净的容器进行收集，防止因人为接触或器具污染影响中药材品质。⑤防虫防霉。在采收后，应尽快进行处理，避免中药材受到昆虫和霉菌的侵害。可以选择合适的处理方法，如晾晒、烘干等，防止中药材发霉或变质。

3 中药材的采收期有哪些要求？

中药材的采收期是指药用部位或器官已经符合药用要求、达到采收标准的收获时期。采收标准包括两方面的含义：一是药用部位的外观已经达到药材所固有的色泽与形态特征；二是药材品质已经符合药用要求，即性味、功效、成分等已经达到应有的标准。中药材的采收期通常根据药材种类、部位、用途等不同而有所不同。

④ 中药材的采收年限取决于哪些因素？

采收年限，又称收获年限，指的是从播种（或栽植）起始至最终采收所跨越的年数，这直接对应着我们生产上常说的一年生、二年生乃至多年生或连年采收的药材分类。决定采收年限长短的因素主要有三个方面：①中药材自身的特性。如草本药用植物的采收年限以一年居多，如夏枯草、颠茄草、鱼腥草等；以花、果实和种子作为药用器官的木本植物，一般为多年生，其生长到一定年限后，可以连续多年采收，如金银花、连翘、山茱萸等。②环境因素影响。同一种药用植物往往因海拔、温度等环境差异而采收年限不同，如红花在北方地区往往一年即可收获，而在南方则需两年。③药材品质的要求。在实际生产中，人们会根据临床对药材药效的具体需求来确定其采收年限。以人工栽培的黄精为例，通常需要三年以上的时间，方能满足《中华人民共和国药典》对其药效品质的要求，而三年以下的黄精，其药材中的浸出物及黄精多糖含量往往难以达到《中华人民共和国药典》所规定的要求。

⑤ 中药材采收的原则是什么？

对中药材的采收，必须根据各个生育时期产量与活性成分含量的变化，选择含活性成分最高、单位面积产量最高的时期进行。当产量与质量变化不一致时，一般要考虑在活性成分含量最高的时间采收，以最大限度地保证中药材的质量和疗效。

6 根和根茎类中药材如何确定采收时间？

以根和根茎入药的中药材大部分是草本植物，它们大多在植株停止生长之后或者在枯萎期采收，也可以在春季萌芽前采收，此时其药材产量及活性成分含量相对较高。但也有一些特殊的中药材，如柴胡，在花蕾期或初花期活性成分含量较高。该类药用植物采用人工或机械挖取均可，挖出后，除净泥土，根据需要除去非药用部分，如残茎、叶、须根等。有的需要趁鲜去皮，如桔梗等，有的需要趁鲜及时加工，如人参等。

7 皮类中药材如何确定采收时间？

皮类中药材主要来源于木本药用植物的干皮、枝皮和根皮，少数来源于多年生草本植物。以干皮入药的药用植物，采收应在春末夏初时节进行，此时树木处于年度生长初期，树皮内液汁较多，形成层细胞分裂较快，皮部和木质部容易剥离，皮中活性成分含量较高，剥离后伤口也易愈合。剥皮时应选择多云、无风或小风的清晨、傍晚，使用锋利刀具在欲剥皮部位的四周将皮割断，深度以割断树皮为准，力争一次完成，以便减少对木质部的损伤。向下剥皮时要减少对形成层的污染和损伤，剥皮后将剥皮处进行包扎。根部灌水、施肥有利于植株生长和新皮形成。剥下的树皮趁鲜除去老的栓皮，根据要求压平，或发汗，或卷成筒状，阴干、晒干或烘干。根皮的采收应在春秋时节，用工具挖取根部，除去泥土、须根，趁鲜刮去栓皮或用木棒敲打，使皮部和木质部分离，抽去木心，如香加皮、地骨皮等，然后晒干或阴干。

8 茎木类中药材如何确定采收时间？

此类药用植物的药用部位包括树干的木质部或其中的一部分，大部分全年都可采收。木质藤本药用植物宜在秋冬至早春前采收，此时药材质地好、活性成分含量较高，如忍冬藤等。草质藤本药用植物宜在开花前或果熟期之后采收，如首乌藤。茎类药材采收时多用工具砍割，有的需要去除残叶或细嫩枝条，根据要求趁鲜切块、段或片，晒干或阴干。

⑨ 叶类中药材如何确定采收时间？

此类药用植物多数宜在植株开花前或果实未完全成熟时采收，此时药材色泽、质地均佳，如艾叶、紫苏叶等。少数品种需经霜后再采收，如桑叶等。有的品种一年当中可采收数次，如大青叶等。采收时要除去病残、枯黄叶，晒干、阴干等。

⑩ 花类中药材如何确定采收时间？

药用植物以花入药时，有的是以整朵花入药，有的是用花的一部分。用整朵花时有的是用花蕾，如金银花、辛夷、款冬花、槐花等；有的是用初开放的花，如菊花、旋覆花等。采收这些药材时要注意观察花的发育时期，有的可根据花的色泽变化来判断，如红花等；有些要根据花的发育时期分批采收，如金银花、玫瑰花。采收花粉类药材时宜早不宜迟，否则花粉易脱落，如蒲黄等。花类药材主要是利用人工采收，宜阴干或低温干燥。

⑪ 全草类中药材如何确定采收时间？

全草类药用植物以地上部分或全株入药。地上部分宜在茎、叶生长旺盛的初花期采收，此时枝繁叶茂，活性成分含量较高，药材质地、色泽均佳，如益母草、荆芥等；全株入药的植物宜在初花期或果熟期采收，如蒲公英等；低等植物如石韦等四季都可采收。采收时采用割取或挖取的方法，大部分品种需要趁鲜切段，晒干或阴干，带根者要除净泥土。

⑫ 果实、种子类中药材如何确定采收时间？

在商品药材中，果实和种子没有严格区分。从植物学角度来看，它们是两种不同的器官，果实中包含种子。从入药部位来看，有的是果实与种子一起入药，如五味子、枸杞子等；有的是用果实的一部分，如丝瓜络、柿蒂等。果实入药时多数是成熟的，也有少数是以幼果或未成熟果实入药，如枳实等。种子入药时基本上是成熟的，如决明子、白扁豆等；也有的是用种子的一部分，如莲子心等；此外，还有种子的加工品，如淡豆豉、大麦芽等。具体采收时间主要是根据果实或种子的成熟度来确定，外果皮易爆裂的种子应随熟随采。果实类药材多是人工采摘，种子类药材可用人工或机械采收果实或全草后，脱粒或取出种子，除净杂质，干燥。

⑬ 中药材怎么挖掘采收？

以根和根茎入药的药用植物，一般是先将植株地上部分割去，然后用挖掘法采收。挖掘时要选择合适的时机，在土壤含水量适宜时进行，因为土壤过湿或过干，不但不利于采挖、费时费力，而且容易使根和根茎遭受损伤。部分全草类药用植物的采收也采用挖掘法，如细辛、米口袋等。

在进行中药材的挖掘采收时，需要注意以下几点：①尽量选择适宜的天气和时间进行采集，避免在雨天或高温天气进行挖掘。②使用合适的工具进行挖掘，以减少植物的损伤，保障药材的质量。③尽量保持植物的根系完整。④避免过度挖掘或破坏植物的生长环境。⑤采收后及时进行清洗、晾干、分类和包装，以确保药材的质量和安全性。

🔢 中药材怎么割取采收？

割取采收多用于收获以全草、果实、种子入药的药用植物，如薏苡、牛蒡、补骨脂等。有的药用植物一年可两次或多次收获，那么在第一、第二次收割时应适当留茬，以利萌发新的植株，提高后茬的药材产量，如薄荷、瞿麦等。在进行中药材的割取采收时，需要注意以下四点：①选择适宜的天气和时间进行采集，避免在雨天或高温天气进行采收。②选择锋利的工具进行割取，以减少植物损伤，保障药材的质量。③尽量选择没有受到病虫害或其他污染的植物进行割取采收。④采集后及时进行清洗、晾干、分类和包装，以确保药材的质量和安全性。

🔢 中药材怎么剥离采收？

剥离采收多用于以干皮等入药的植物。一般在茎的基部先环割一刀，接着在其上相应距离的高度处再环割一刀，然后在两环割刀痕之间纵割一刀，沿纵割刀痕剥取药材。树皮的剥离方法又分为砍树剥皮、活树剥皮等。木本植物的粗壮树根与树干的剥皮方法相似。灌木或草本植物根部较细，剥离根皮方法则与树皮不同：一种方法是用刀顺根纵切根皮，将根皮剥离；另一种方法是用木棒轻轻捶打根部，使根皮与木质部分离，然后抽去或剔除木质部，如牡丹皮、地骨皮和远志等。

🔢 中药材采收时要注意什么？

中药材采收时要注意药用器官的完整性，以免降低中药材的品质与等级；要除去非药用部位和异物，严禁杂草和有毒物质混入；地下器官要尽量去净泥土，避免酸不溶性灰分超标；采收机械、工具应保持清洁、无污染，存放在无虫、鼠害和禽畜的清洁干燥场所；做好各项采收记录，包括采收时间、采收方法、采收量等。

⒄ 什么是中药材产地加工？产地加工的目的是什么？产地加工包括哪些内容？

中药材采收后，除少数鲜用，如生姜、鲜地黄等，绝大多数均需在产地及时进行初步处理与干燥，称之为"产地加工"。

中药材产地加工，是保证药材质量，使其符合医疗用药要求的重要环节。通过产地加工，既可防止药材霉烂腐败、便于储藏和运输，又可剔除杂物和质劣部分以保证质量，还可进行分级和其他技术处理，以利于炮制和处方调配。

产地加工包括初步加工和干燥加工两方面内容。中药材的种类众多，根、茎、叶、花等药用部位不同，品种规格要求不一，再加上全国各地都有不同的传统习惯，故加工、干燥方法多种多样。

⒅ 中药材产地趁鲜切制加工指的是什么？其目的是什么？

中药材产地趁鲜切制加工是指按照传统加工方法将采收的新鲜中药材切制成片、块、段、瓣等的行为，虽改变了中药材形态，但未改变中药材性质，且减少了中药材经干燥、浸润、切制、再干燥的加工环节，一定程度上有利于保障中药材质量。这种加工方式适用于一些容易变质或易失活的中药材，如鲜草药、鲜果实等。

中药材趁鲜切制加工的目的是最大限度地保留中药材的活性成分，避免其在长时间的运输和储存过程中损失或降解。新鲜中药材在加工后更易于处理和保存，能够保持其药材的颜色、香味和质地。

⑲ 产地趁鲜切制加工的中药材种类有哪些？河南有哪些？

鉴于产地趁鲜切制加工在保证药材质量、降低生产成本和促进产业发展等方面展现的巨大潜力，各个省份陆续公布增加趁鲜切制加工的药材品种数量。《中华人民共和国药典》(以下简称《中国药典》)2020 年版允许进行产地趁鲜切制加工的品种数从《中国药典》2015 年版的 64 种增加到 68 种。各个省份也根据自身的中药材发展现状，规定了产地趁鲜切制加工的品种目录，数量从 22 种到 41 种不等。需要注意的是，除《中国药典》2020 年版中规定的品种可以在全国范围内进行产地趁鲜切制加工外，各省份规定的产地趁鲜切制加工的目录只能在本省内适用，在其他省份不适用。

2022 年 8 月，河南省药品监督管理局根据《国家药监局综合司关于中药饮片生产企业采购产地加工（趁鲜切制）中药材有关问题的复函》(药监综药管函〔2021〕367 号)要求，结合河南省中药材生产实际，制定了《河南省规范中药材产地趁鲜切制加工指导意见（试行）》，并将丹参等 19 个品种列为《河南省产地趁鲜切制加工中药材品种目录（第一批）》。2023 年 4 月，河南省药品监督管理局决定将半枝莲、白花蛇舌草、冬凌草、益母草、首乌藤、忍冬藤、板蓝根 7 个品种列入《河南省产地趁鲜切制加工中药材第二批品种目录》。2024 年 7 月，河南省药品监督管理局在其官网发布了"关于征集《河南省产地趁鲜切制加工中药材品种目录》第三批中药材品种的公告"，公开向相关单位、组织、社会公众征求关于第三批产地趁鲜切制加工中药材品种的意见。截至目前，已有 26 个品种被列入了《河南省产地趁鲜切制加工中药材品种目录》，分别为：丹参、柴胡、生地黄、桑白皮、山药、桔梗、白芷、黄芩、山楂、黄精、何首乌、皂角刺、牛膝、茯苓、天麻、杜仲、白芍、白术、紫苏梗、半枝莲、白花蛇舌草、冬凌草、益母草、首乌藤、忍冬藤、板蓝根。

20 中药材净选的目的是什么？

净选是将采收的新鲜药材除去泥沙、非药用部位、污染部分等杂质的过程。如黄芪、牛膝等去须根；牡丹皮、地骨皮去木心；广藿香去残根；杜仲、黄柏去粗皮；五味子、枸杞子去果梗；薏苡仁、白果去外壳等。一般根据药材情况采用挑选、筛选、风选和水选的方法进行，也可以不同方法结合进行。通过净选环节的处理，可以确保初步加工过程中的药材质量和纯度，为后续加工和使用提供良好的基础。

21 中药材净选要做什么？

净洗是将药材与泥土等杂质分开的一种行之有效的方法。根据情况可选择喷淋、刷洗、淘洗等不同的清洗方法。需要蒸、煮、晒等加工的根及根茎类药材，如人参、三七、麦冬等，采收后需以清水洗净泥土。一般直接晒干或阴干的药材多不洗，如黄连、白术、薄荷、细辛等，黄连、白术干燥后泥土可自行脱落，或通过搓、撞去掉泥土，薄荷、细辛洗后会导致挥发油损失、质量降低。

22 中药材初步加工时需要注意什么？

中药材初步加工时需要注意以下几点：①不同的药用部位要分开。有些药用植物的不同部位分属不同的中药，具有不同的功效，如麻黄茎能发汗而麻黄根则止汗，因此须在产地加工时将其分开，以利正确发挥药效。②进行分级。有些药用植物，为了便于加工和干燥，需按其药用部位的大小、粗细进行分级，如延胡索、贝母按其大小分级，而三七、北沙参、党参等则按其粗细分级。常用的分级方法有筛、拣等。③去除表皮。根、根茎、果实、种子及皮类药材常需去除表皮，使药材光洁，内部水分易向外渗透，干燥快。去皮时要注意厚薄一致，以外表光滑无粗糙感、表皮去净为度。去皮的方法有手工去皮、工具去皮、机械去皮和化学去皮等。对于形状极不规则的根、根茎、树皮、根皮等，多采用手工去皮，如桔梗、白芍、杜仲等。手工去皮一般宜趁鲜进行。工具去皮多用于干燥后或干燥过程中的药材，常用的工具有撞笼、撞兜、木桶、筐、麻袋等，通过冲撞摩擦去掉粗皮，使药材外表光洁。对于产量大、形状规则的药材，可以采用机械去皮，不仅工效高、成本低，而且可以避免发生中毒，如半夏、天南星等使用小型搅拌机去皮。化学去皮常见的有石灰水浸渍半夏，可使其表皮易于脱落。

23 中药材切制的注意事项及方法有哪些？

为了便于干燥和应用，凡体积大、不易干燥或干燥后质坚不易切制的药材，应在洗净、除掉非药用部位后，趁鲜切制，然后晒干。大部分果类和圆形根茎类药材要切成薄片，粉性大、质地疏松易破碎者要切成厚片，如山药等，何首乌、葛根等则要切成块。含挥发性成分的药材切制后容易造成活性成分的损失，不宜切制加工，如缬草等。切制方法有手工切制和机械切制。

24 水烫中药材的时候应注意哪些事项？

有些肉质植物，在将药用部位洁净之后要放入沸水中浸烫片刻，然后捞出晒干。通过沸水烫，可使细胞内的蛋白质凝固，破坏易引起变质或变色的酶，促进水分蒸发，利于干燥，如马齿苋等。有的烫后可使淀粉糊化，增加药材透明度，使其质地明润，如天冬、百部等。烫时要注意水温和时间，如延胡索以烫至块茎内部中心有芝麻样小白点为度，过生易遭虫蛀，过熟则折干率下降、表面皱缩，均影响质量。明党参、北沙参等均需烫后去除外皮。

25 中药材蒸、煮时应注意哪些问题？

有些植物的药用部位要蒸、煮到透心后再晒干，如天麻、玉竹、何首乌等，前二者蒸煮后，可增加透明度，使其质地明润，后者可改变药性，使其具有补肝肾、益精血的功效。在进行药材蒸煮过程中，应注意以下问题：①蒸煮时间和温度。不同的中药材对蒸煮时间和温度有不同的要求，要根据具体情况进行控制。过长或过短的蒸煮时间，以及过高或过低的温度都可能会影响药材的品质和药效。②蒸煮材料选择。选择合适的蒸煮容器和材料，尽量避免使用含有害物质的材料，如塑料容器。优先选择食品级不锈钢或玻璃等材料，以确保药材的安全性和卫生性。③蒸煮水质选择。蒸煮时使用的水质应干净、卫生，最好使用纯净水或矿泉水。避免使用含有污染物的水源，以免对药材产生负面影响。④蒸煮环境卫生。要保持蒸煮环境的卫生，包括清洁蒸锅、蒸煮器具，避免杂质污染。同时，避免与其他食物或材料一同蒸煮，以防交叉污染。

26 中药材浸漂的时候有哪些要求？

浸漂包括浸渍和漂洗。浸渍一般时间较长，有的还需加入一定辅料。漂洗时间短，换水勤。浸漂的目的是降低毒性，如半夏、附子等，或抑制氧化酶的活性、避免药材氧化变色，如白芍、山药等。浸漂时要密切注意中药材形、色、味等方面的变化，用水要清洁，掌握好浸漂时间、换水频率、辅料用量和添加时机等，避免药材霉变。在浸漂过程中，可以适当地搅拌或翻动药材，以促进水分的均匀渗透和溶解成分的释放。

27 什么是中药材发汗？

鲜药材加热或半干燥后，停止加温，密闭堆积使之发热，其内部水分就向外蒸发，当堆内空气含水量达到饱和时，遇到堆外低温，水汽就会凝结成水珠附于药材表面，如人出汗，所以谓之"发汗"。发汗是药材加工过程中常用的独特工艺，可有效克服药材干燥过程中产生的结壳现象，使药材内外干燥一致，加快干燥速度，还能使某些挥发油渗出，化学成分发生变化，干燥后的药材显得油润、光泽，或香气更加浓烈。

28 中药材发汗的方法有哪些？

中药材发汗的方法分为普通发汗和加温发汗。普通发汗就是将鲜药材或半干燥药材堆积，用草席等覆盖任其发热，达到发汗的目的。此法简便、应用广泛，如丹参、板蓝根等产地加工时常用之。此外，晾晒时夜晚堆积回软（回潮）也属于普通发汗，如薄荷的产地加工等。加温发汗就是将鲜药材或半干燥药材加温后密闭堆积使其发汗。如厚朴、杜仲等用沸水烫淋数遍加热，然后堆积发汗。发汗要掌握好时间和次数。半干和基本干燥的药材，一般发汗1次即可；鲜药材、含水较多的肉质根或地下茎，发汗时间宜稍长、次数宜多些。气温高的季节，发汗时间宜短，以免药材霉烂变质。

29 中药材揉搓的作用是什么？

有些中药材在干燥过程中，易出现皮肉分离现象，导致药材质地变得松泡，为了改善这种情况，在干燥到一定程度时必须对药材进行揉搓，以使皮肉紧贴，达到油润、饱满、柔软或半透明的目的，如党参、麦冬、独活等。

30 中药材干燥加工的方法有哪些？

中药材干燥加工的方法有自然干燥法和人工加热干燥法。自然干燥法是利用太阳的辐射、热风、干燥空气达到药材干燥的目的，一般有晒干、阴干、晾干等；人工加热干燥法可以大幅缩短药材的干燥时间，而且不受季节及其他自然因素影响，但需注意严格控制加热温度。根据加热设备的不同，人工加热干燥法可分为炕干、烘干、远红外加热干燥和微波干燥等。

31 中药材自然干燥应注意哪些问题？

晒干为常用方法，一般将中药材铺放在晒场或晒架上晾晒，利用太阳光直接晒干。这是一种相对简便、经济的干燥方法，但含挥发油的药材及晒后易爆裂的药材不宜采用此法。阴干是将药材放置或悬挂在通风的室内或荫棚下，避免阳光直射，令水分在空气中自然蒸发而干燥，此法主要适用于含挥发性成分的花类、叶类及全草类药材。晾干则是将鲜药材悬挂在树上、屋檐下或晾架上，利用自然风进行干燥，也叫风干，如大黄、瓜蒌等，此法常于气候干燥、多风的地区或季节运用。在自然干燥的过程中，要随时注意天气变化，防止药材受雨、雾、露、霜等影响，并常翻动药材以加速干燥。一般在药材大部分水分已蒸发，或药材达到五成干以上时，应短期堆积回软或发汗，促使水分内扩散，再继续干燥。这样处理不仅加快了干燥速度，而且令内外干燥一致。

32 中药材炕干法应注意哪些问题？

中药材炕干法是将鲜药材依先大后小的顺序分层置于炕床上，上面覆盖麻袋或草帘等，利用柴火加热干燥的方法。在有大量蒸汽冒起时，要及时掀开麻袋或草帘，并注意上下翻动药材，直到炕干为止。该法适用于泽泻、桔梗等药材的干燥。在使用中药材炕干法时，需要注意温度、湿度、翻动搅拌等方面的控制，以保证中药材在干燥过程中能够达到理想的效果，保持其药效和品质。

33 中药材烘干法应注意哪些问题？

中药材烘干法是一种常用的干燥方法，它可以快速、均匀地对中药材进行干燥。利用烘房和干燥机实现鲜药材的干燥，适用于数量大、规模化种植的药材，此法效率高，温度可控，不受天气限制，还有杀虫驱霉的效果。但应注意不同种类药材的干燥温度和干燥时间各异。

34 中药材远红外加热干燥法的原理是什么？

中药材远红外加热干燥法是一种新型的干燥方法，其原理是将电能转变为远红外辐射能，被鲜药材的分子吸收并产生共振，引起分子和原子的振动和转动，导致物体变热，经过热扩散、蒸发和化学转化，最终达到干燥的目的。

35 中药材微波干燥法的原理是什么？

中药材微波干燥法是一种利用微波（频率范围通常为300MHz~300GHz，波长为1mm~1m)辐射加热的干燥方法，其原理是利用高频电磁波与物质分子相互作用产生热效应，把微波能量转化为介质热能，从而达到干燥的目的。该法还可杀灭微生物，具有消毒作用，防止中药材在储藏过程中霉变生虫。

36 中药材干燥加工的温度范围是多少？

中药材干燥加工的温度范围会受到多种因素的影响，包括中药材的种类、水分含量、特性以及加工要求等。许多中药材活性成分在高温下易被分解破坏，因此干燥加工温度应尽量低一些。一般花、叶和全草类中药材以20~30℃为宜，根与根茎类中药材以30~65℃为宜，浆果类中药材以70~90℃为宜。中药材的活性成分不同，干燥适温也不同，含挥发油者以 25~30℃ 为宜，含苷及生物碱者以 50~60℃ 为宜，含维生素者以 70~90℃ 为宜。

③⑦ 中药材干燥的经验判断标准有哪些？

中药材是否干燥完全可以从以下几个标准来判断：①干燥药材的断面色泽一致，中心与外层无明显分界线，如果断面色泽不一致，说明药材内部尚未干透，断面色泽仍与新鲜时相同也是未干燥的标志。②干燥的药材相互敲击时声音清脆响亮，如是"噗噗"的闷声则是未干透，一些糖分较多的药材，干燥后敲击声音并不清脆，可结合其他标准去判别。③干燥药材质地硬、脆、牙咬、手折都费力，若质地柔软说明尚未干透。④对于果实、种子类药材，用手能轻易插入，感到无阻力，说明已经干透；如果牙咬、手掐时感到较软，则是尚未干透。⑤叶、花、茎或全草类药材，用手折易碎断，手搓易成粉末，说明已经干透；如果柔软、不易折断或搓碎，则是尚未干透。

中药材的干燥程度受中药材特性、环境条件、干燥方法等诸多因素的影响，仅凭经验判断并不十分准确和科学，因此，最好结合专业的设备和方法进行准确的测量和判断，以保证其质量和药效。

③⑧ 中药材是否可以用硫黄熏？

我国传统上有使用硫黄熏蒸的方法对中药材进行防霉、防虫、防腐处理的习惯，但是，使用硫黄熏蒸过的中药材不但药效降低，而且会残留二氧化硫，进而影响人体健康。在 2004 年原国家食品药品监督管理局发文《关于对中药材采用硫黄熏蒸问题的复函》中明确规定：禁止采用硫黄熏制中药材。从《中国药典》2005 年版增补本开始收载"二氧化硫残留量测定法"，并删除了中药加工中使用硫黄熏蒸的方法。

39 中药材加工过程中的污染来源主要有哪些？

中药材加工过程中的污染来源主要有以下几个方面：①水质问题。有些中药材应水洗除去泥沙等杂质，如果水质不洁，就会污染中药材，从而影响中药材品质。②为了使中药材色泽鲜亮且易保存，有时候采用硫黄熏蒸中药材，硫黄熏蒸往往会造成中药材污染。③加工容器、设备不洁净带来的污染。中药材在加工过程中可能接触到金属容器、设备或管道，如果这些金属含有可溶解的重金属离子或者被微生物污染，都可能导致中药材加工过程中的污染。

40 中药材产地加工对加工人员有哪些要求？

实施产地加工的人员，应具备相关的中药材加工知识和技能，了解中药材的特性、加工要求以及加工设备的操作方法，能够正确理解和遵循加工工艺规范。在开展工作之前应洗净双手，戴上干净的手套和口罩；传染病病人、体表有伤口、皮肤对中药材过敏者，不得从事中药材产地加工作业；加工人员在操作过程中应保持个人卫生，现场负责人应随时进行检查和监督；及时做好加工记录，包括中药材品种、使用设备、时间、天气情况、加工数量、操作人员姓名等。

41 中药材加工场所应注意哪些问题？

应当及时清洁加工场地、容器及设备；保证清洗、晾晒和干燥所用的环境、场地、设施和工具不会对中药材造成污染；注意防冻、防雨、防潮、防鼠、防虫及防禽畜等。

42 中药材的储藏方法有哪些？

中药材的储藏方法有以下几种：①干燥储藏。大部分中药材都需要在干燥的环境中储藏。将中药材晾晒至完全干燥后，放入干燥、通风的容器或袋子中密封储藏。②避光储藏。中药材对光线敏感，容易受到阳光的照射而失去药效。因此，应将中药材存放在阴暗、干燥的地方，避免阳光直接照射。③防潮储藏。对于一些易吸湿的中药材，应放置在密封的容器中，并在容器中加入适量的干燥剂，防止潮湿导致中药材变质。

43 中药材的储藏期限是多久？

储藏期限因中药材种类、质量和储藏条件不同而异。一般来说，中药材的储藏期限可以分为以下几种情况：①长期储藏。一些中药材，如矿物类药材、动物类药材等，经过炮制或加工后可以长时间保存，一般可储藏数年至数十年，甚至更久。②中期储藏。大部分中药材在适宜的储藏条件下，可以保持较长的储藏期限，一般可储藏数月至数年。③短期储藏。一些易变质的中药材，如鲜草药、鲜果实等，储藏期限较为短暂，一般在数天至数月之间。

44 中药材储藏不当会产生哪些变质现象？

中药材储藏不当会产生以下变质现象：①霉变。霉菌在适宜的温度和湿度条件下滋生，导致中药材组织发生溶解和成分变化。②虫蛀。害虫侵入中药材内部造成破坏。③变色。中药材在采收加工、炮制、储藏过程中，由于处理不当造成中药材固有色泽的改变。④泛油。含有油脂、挥发油、黏液质或糖类较多的中药材在特定温度和湿度条件下表面出现油状物质。⑤气味散失。含有易挥发成分的中药材因储藏不当造成成分挥发、气味变淡或散失。⑥风化。含有结晶水的无机盐矿物类中药在干燥空气中失去结晶水，形成粉状物。⑦潮解。含可溶性糖或无机盐类的中药材吸收潮湿空气中的水分，导致表面溶化成液态。⑧升华。部分含有挥发性成分的药物遇到高温不经液化而直接气化，如冰片、樟脑、薄荷脑等。

45 导致中药材变质的常见外界因素有哪些？

导致中药材变质的常见外界因素有：①环境因素。包括温度、湿度、光照等。温度过高或过低、湿度过高、光照过强都会对储藏中的中药材质量产生影响。②生物因素。如霉菌、害虫等在中药材储藏过程中滋生繁殖，引起变质。③时间因素。长时间储藏会导致中药材的化学成分自然分解、挥发、升华，使其质量发生改变。④包装和储藏方式。不合理的包装和储藏方式可能导致中药材受潮，加速变质。⑤外源污染物。如化学污染物、重金属等会对中药材的质量产生负面影响。⑥运输和处理方式。不当的运输和处理方式可能导致中药材受损、污染，影响其品质。

46 在中药材初加工中常说的统货和选货分别指的是什么？还有哪些分级规格？

中药材的统货和选货都是中药材规格的一种。统货指的是将不同大小、质量、规格和品级的中药材混合在一起销售或使用，不进行区分。与统货相对的是选货，它是指经过仔细筛选和挑拣的中药材，质量等级清晰，品相和价格都高于统货。除统货和选货外，分级规格还有大选、小选、特选、一级、二级、三级、四五混级和级外投料等。

六　其他

❶ "十大豫药"之艾叶在河南的质量评价标准、商品规格等级及生产加工技术要点是什么？

艾，菊科蒿属多年生草本植物，以其干燥叶入药，药材名为艾叶，味辛、苦，性温，归肝、脾、肾经，具有温经止血、散寒止痛的功效，外用祛湿止痒。艾叶在河南的产区分布见附录3《河南省道地药材目录（第一批）》。其中，南阳是全国最大的艾产业种植基地、生产基地和销售基地，艾产品市场占有率全国第一，"南阳艾"已成为地理标志证明商标和国家地理标志保护产品。

（1）质量评价标准

1）经验鉴别　以色青、背面灰白色、绒毛多、叶厚、质柔软而韧、香气浓郁者为佳。

2）检查　水分不得超过15.0%，总灰分不得超过12.0%，酸不溶性灰分不得超过3.0%。

3）含量测定　照气相色谱法测定，本品按干燥品计算，含桉油精（$C_{10}H_8O$）不得少于0.050%，含龙脑（$C_{10}H_{18}O$）不得少于0.020%。

（2）商品规格等级

艾叶药材一般为统货，不分等级。

统货　干货。多皱缩、破碎，有短柄。完整叶片展平后呈卵状椭圆形，羽状深裂，裂片椭圆状披针形，边缘有不规则的粗锯齿；上表面灰绿色或深黄绿色，有稀疏的柔毛和腺点，下表面密生灰白色绒毛。质柔软。气清香，味苦。

（3）生产加工技术要点

1）选地整地　艾种植的地方应该具有灌溉水的条件，为避免土壤、水源被污染，地块最好远离人口聚集区及大型工厂；应该选择土壤疏松、光照良好的地块。整地前，每亩地施2 000~3 000kg有机肥、20~30kg复合肥做基肥，深耕20~30cm，耙碎做畦，畦宽5m，便于人工除草和机械作业。每两畦间开一深20cm、宽30cm的浅沟，便于防涝排水。

2）繁殖 艾最常用的繁殖方法是根茎扩繁和分株繁殖。

根茎扩繁 在秋冬、早春都可以进行。选取无病虫害、芽点多的根状茎，截成 5~8cm 长的茎段，按每穴 2~3 段，行距 20cm，穴距 20cm 栽植，栽植深度 10~15cm。栽后浇定根水，覆土盖实。

分株繁殖 在每年 3~4 月，苗高 15~20cm 时，分 3~5 株栽植，按照行株距 20cm×20cm，栽植深度 8~10cm 的标准，移栽后及时浇水，以利生根。

3）田间管理

中耕与除草 应遵循早发现、早根除的原则。一般出苗后，3 月下旬和 4 月上旬各中耕除草 1 次。每次采收后，及时拔草。

施肥 以基肥和有机肥为主，追肥为辅。基肥在整地时施入。一般在 3 月中上旬，结合田间清沟、锄草后，每亩撒施尿素 10~15kg，并喷施 1~2 遍 800 倍磷酸二氢钾叶面肥。第二、三茬可结合土壤肥力适量施肥。

灌溉 干旱时及时浇水，雨后要清沟排水。

密度管理 艾草繁殖速度快，应在第二、三茬艾长至 3~5 片叶时，结合人工除草进行一次疏苗；冬季利用犁断根一次，降低密度。

病虫害防治 艾草最常见的病害是白粉病，最常见的虫害是蚜虫。白粉病可以用 15% 三唑酮可湿性粉剂 1 500 倍液，或 25% 嘧菌酯悬浮剂 1 500~2 500 倍液等交替对茎叶进行喷雾，连续用药 2~3 次，间隔 8~10 天。叶背面是防治蚜虫的重点，可用 10% 吡虫啉可湿粉剂 1 000 倍液或 1% 苦参碱可湿剂 500~600 倍液喷雾防治。

4）采收及产地加工

在南阳地区，一年可收获三次艾叶。第一茬收获期在 6 月初，于晴天及时收割，割取地上带有叶片的茎枝，并进行茎叶分离，摊晒在太阳下，或者低温烘干，打包存放；第二茬在 7 月中上旬，第三茬在下霜前后。

5）炮制

艾叶 取原药材，除去杂质及梗，筛去灰屑。

醋艾炭　取净艾叶，置锅内，用武火加热，炒至表面焦黑色，喷醋（每100kg艾叶，用醋15kg），炒干，取出凉透。成品为黑褐色不规则的碎片，可见细条状叶柄，具醋香气。

❷ "十大豫药"之山药在河南的质量评价标准、商品规格等级及生产加工技术要点是什么？

山药，薯蓣科多年生草本植物，以其干燥根茎入药，味甘，性平，归脾、肺、肾经，具有补脾养胃、生津益肺、补肾涩精的功效。山药在河南的产区分布见附录3《河南省道地药材目录（第一批）》。古怀庆府（今河南省焦作辖区温县、沁阳、武陟、孟州等地）所产"怀山药"最为有名，系著名"四大怀药"之一。

（1）质量评价标准

1）经验鉴别　以质坚实、粉性足、断面色白者为佳。

2）检查　毛山药和光山药水分含量不得超过16.0%，山药片水分含量不得超过12.0%。毛山药和光山药的总灰分含量不得超过4.0%，山药片总灰分含量不得超过5.0%。毛山药和光山药二氧化硫残留量不得超过400mg/kg，山药片二氧化硫残留量不得超过10mg/kg。

3）浸出物　照水溶性浸出物测定法的冷浸法测定，毛山药和光山药不得少于7.0%，山药片不得少于10.0%。

（2）商品规格等级

根据市场流通情况，将山药药材分为"光山药""毛山药""山药片"三个规格。在规格项下，根据直径、长度及破碎率等，将"光山药"和"毛山药"各划分为"一等""二等""三等""四等"四个等级，将"山药片"划分为"一等""二等"两个等级。详见下表。

山药规格等级划分表

规格	等级	性状描述	
		共同点	区别点
光山药	一等	呈圆柱形，条匀挺直，光滑圆润，两头平齐，可见明显颗粒状。切面白色或黄白色。质坚脆，粉性足。无裂痕、空心、炸头。气微，味淡，微酸	长≥15cm，直径≥2.5cm
	二等		长≥13cm，直径2.0~2.5cm
	三等		长≥10cm，直径1.7~2.0cm
	四等		长短不分，直径1.5~1.7cm，间有碎块
毛山药	一等	略呈圆柱形，弯曲稍扁，表面黄白色或淡黄色。有纵沟、纵皱纹及须根痕，偶有浅棕色外皮残留。体重，质坚实，不易折断，断面白色，粉性。气微，味淡、微酸，嚼之发黏	长≥15cm，中部围粗≥10cm，无破裂、空心、黄筋
	二等		长≥10cm，中部围粗6~10cm，无破裂、空心、黄筋
	三等		长≥7cm，中部围粗3~6cm，间有碎块。无破裂、空心、黄筋
	四等		长短不分，直径≥1.0cm，间有碎块。少量破裂、空心、黄筋
山药片	一等	为不规则的厚片，皱缩不平，切面白色或黄白色，质坚脆，粉性。气微，味淡	直径≥2.5cm，均匀，碎片≤2%
	二等		直径≥1.0cm，均匀，碎片≤5%

（3）生产加工要点

1）选地和整地　山药的种植5年内不能重茬，选土层深厚，疏松肥沃，避风向阳，排水良好的地带，以pH7.2~7.5的砂壤土为好，忌盐碱和黏土地，而且土体构型要均匀一致，至少1.2m土层内不能有黏土、土砂粒等夹层。秋末冬初时节，每亩地施腐熟的农家肥2 500~3 000kg，深耕25cm左右，深耕过后挖宽25~30cm，深80~120cm的山药壕沟。种植行两侧为操作行，宽80~90cm。

2）繁殖　山药是无性繁殖，在生产上最常用的是山药种栽繁殖。一般选用 1~3 年生，具有芽眼的健康芦头作种栽，尽量不用超过 3 年的种栽。4 月上旬至 4 月中旬播种。山药种植前先溻墒，按株行距（20~26）cm×（35~40）cm 开沟条播，沟深 5~7cm，种栽按一个方向平放沟中，芽头顺向一方，每个芽眼相距 2~3cm。播后覆 3~5cm 厚的细碎土，敦实保墒即可。每亩密度 6 000~10 000 株。

3）田间管理

中耕除草　山药出苗后，及时中耕松土和除草，通常在苗高 20~30cm 时，进行一次浅锄松土；6 月中旬及 8 月再进行两次除草，后两次只除草不中耕，以免伤根。

施肥　山药出苗三叶时，可亩施 15~20kg 高氮钾型复合肥一次。山药快速生长期（一般 6 月中旬至 7 月中旬），可每亩一次或分次施 30~40kg 氮磷钾复合肥，中后期还可喷施 0.2% 磷酸二氢钾或腐殖酸叶面肥。7 月中旬到 8 月初，每亩施高氮钾型复合肥 25~30kg。

搭支架　出苗 15~20 天，苗高 20~30cm 时，用竹竿或树枝搭好"人"字形支架，并引蔓向上攀缘。

灌溉　种植后如遇干旱，可进行补水，推荐使用喷灌、滴灌等方式，不建议大水漫灌，且每次补水量不宜过大。

病虫害防治　山药主要病害有炭疽病、褐斑病、斑纹病、茎腐病等；主要虫害有地下害虫、斜纹夜蛾、叶蜂和蚜虫等。可采用日光晒种、灯光诱杀、黄板诱杀、糖醋液诱杀、杨柳枝把诱集等物理防治办法；有效利用印楝素、苦参碱、除虫菊素等植物源农药和多角体病毒、白僵菌、苏云金杆菌、阿维菌素等生物源农药；选用高效、低毒、低残留农药，并交替用药，合理复配用药。

4）采收及产地加工

采收　春栽山药于当年霜降前后即可收获。一般在 10 月底至 11 月初当地上茎叶枯黄时，拆除支架，割去茎蔓，挖出地下根茎。

产地加工　一般山药的加工品分为毛山药、光山药和山药片 3 种。毛山药是指将鲜山药洗净，除去外皮和须根，干燥；光山药是将已制成的毛山药用清水浸泡透心，手工或机器搓圆，晒干，打光；山药片是将鲜山药切去芦头，洗净，除去外皮和须根，趁鲜切厚片，烘干。

5）炮制

山药片　取原药材，分开大小个，浸泡至透，切厚片，干燥。

麸炒山药　取麸皮撒入热锅内，用中火加热，待冒烟时，按照每 1 份麦麸加入 10 份山药片的比例，加入山药片，炒至黄色，取出筛去焦麸，放凉。

土炒山药　取伏龙肝粉置于锅内，用文火加热，按照每 3 份伏龙肝粉加入 10 份山药片的比例，加入山药片，炒至表面挂土色，取出筛去土，放凉。

③ "十大豫药"之地黄在河南的质量评价标准、商品规格等级及生产加工技术要点是什么？

地黄，玄参科多年生草本植物，以其新鲜或干燥块根入药，中药材名为鲜地黄、生地黄或熟地黄。鲜地黄味甘、苦，性寒，归心、肝、肾经，具有清热生津、凉血、止血的功效；生地黄味甘，性寒，归心、肝、肾经，具有清热凉血、养阴生津的功效；熟地黄味甘，性微温，归肝、肾经，具有补血滋阴、益精填髓的功效。地黄在河南的产区分布见附录 3《河南省道地药材目录（第一批）》。古怀庆府的怀地黄栽培历史悠久，为道地产区，系著名"四大怀药"之一。

（1）质量评价标准

1）经验鉴别　生地黄以块大、体重、断面黑色者为佳。

2）检查　生地黄水分不得超过 15.0%，总灰分不得超过 8.0%，酸不溶性灰分不得超过 3.0%。

3）浸出物　照水溶性浸出物测定法下的冷浸法测定，不得少于 65.0%。

4）含量测定　照高效液相色谱法测定，生地黄按干燥品计算，含梓醇

（ $C_{15}H_{22}O_{10}$ ）不得少于 0.20%，地黄苷 D（ $C_{27}H_{42}O_{20}$ ）不得少于 0.10%。

（2）商品规格等级

生地黄商品规格等级标准：

一等　干货。呈纺锤形或条形圆根。体重，质柔润。表面灰白色或灰褐色，断面黑褐色或黄褐色，具有油性。味微甜。每千克 16 支以内。无芦头、老母、生心、焦枯、杂质、虫蛀、霉变。

二等　干货。每千克 32 支以内，其余同一等。

三等　干货。每千克 60 支以内，其余同一等。

四等　干货。每千克 100 支以内，其余同一等。

五等　干货。油性小，支根瘦小，每千克 100 支以外，最小货直径 1cm 以上，其余同一等。

熟地黄多为统货，一般不分等级。

（3）生产加工技术要点

1）选地和整地　地黄不宜连作，同一地块要间隔 8 年以上才能再次种植。地黄宜在土层深厚、土质疏松、腐殖质含量高、排灌便利的砂壤土中生长，前茬作物以小麦、玉米、谷子、甘薯为宜；花生、豆类、芝麻、棉花、油菜、白菜、萝卜和瓜类等不宜作为地黄的前作或邻作。

于秋季前茬作物收获后，深耕 30cm，结合深耕亩施腐熟有机肥料 4 000kg，次年 3 月下旬亩施饼肥约 150kg，灌水后浅耕 15cm，并耙细整平做成宽 120cm、高 15cm、间距 30cm 的畦，也可起宽 60cm 的垄，便于灌水和排水。

2）繁殖与播种　块根繁殖是地黄生产中的主要手段。一般选用中段直径 4~6cm，外皮新鲜、没有黑点的肉质块根留种繁殖。旱地黄一般 4 月上旬栽植，麦茬地黄于 5 月下旬至 6 月上旬栽植，栽植时按行距 30cm 开沟，在沟内每隔 15~18cm 放块根 1 段（每亩 6 000~8 000 段，20~30kg），然后覆土 3~4.5cm，稍压实后浇透水。

3）田间管理

间苗、补苗　在苗高 3~4cm、长出 2~3 片叶时，要及时间苗。每个块根可长出 2~3 株幼苗，间苗时留优去劣，每穴留 1 株壮苗；发现缺苗时及时补栽。

中耕除草　出苗后到封垄前应经常松土除草。幼苗期浅松土两次。第一次结合间苗进行浅中耕，不要松动块根处；第二次在苗高 6~9cm 时进行，可稍深些。地黄茎叶快封行时停止中耕，杂草宜用手拔，以免伤根。

摘蕾、去除晚芽　出苗后一个月，地下根茎出现的新芽要及时抹去，每株只留 1 棵壮苗；结合除草及时将花蕾摘除，促进块根生长。

灌溉排水　保持土壤含水量在 15%~25% 时有利于地黄出苗。前期地黄生长发育较快，需水较多；后期块根大，水分不宜过多，最忌积水。生长期间保持地面潮湿，宜勤浇少浇。地黄怕涝，雨季注意及时排水。

追肥　地黄为喜肥植物，在施肥时以基肥为主，适量追肥。齐苗后到封垄前追肥 1~2 次，前期以氮肥为主，一般每亩施入硫酸铵 7~10kg。生长后期适当增加磷钾肥。生产上多在 4~5 片叶时每亩追施硫酸铵 10~15kg，饼肥 75~100kg。

病虫害防治　地黄的主要病害有地黄斑枯病、地黄轮纹病、地黄病毒病、地黄根腐病、地黄线虫病等，主要虫害有地老虎、甜菜夜蛾、棉铃虫、红蜘蛛（螨类）等。可采取合理轮作换茬、水肥运筹、起垄等农业防治措施；灯光诱杀、色板诱杀、性信息素诱杀、食物诱杀等物理防治措施；利用生物防治技术，充分保护利用捕食螨、蚜茧蜂、赤眼蜂、七星瓢虫、草蛉等天敌昆虫，有效控制田间害虫；合理采用化学防治技术，根据病虫害发生种类和防治对象，确定防治时期，选择合适的农药品种。

4）**采收**　地黄采收时间以 10 月上旬至 11 月上旬为主。收获时先割去地上植株，然后挖出地黄块根。

5）**炮制**

鲜地黄　取原药材，洗净泥土，除去芦头、须根及泥沙。

生地黄 除去杂质，洗净，闷润，切厚片，干燥。

熟地黄 ①取生地黄，照酒炖法炖至酒吸尽，取出，晾晒至外皮黏液稍干时，切厚片或块，干燥，即得。②取生地黄，照蒸法蒸至黑润，取出，晒至约八成干时，切厚片或块，干燥，即得。

4 "十大豫药"之连翘在河南的质量评价标准、商品规格等级及生产加工技术要点是什么？

连翘，木犀科多年生落叶灌木，以其干燥果实入药，味苦，性微寒，归肺、心、小肠经，具有清热解毒、消肿散结、疏散风热的功效。连翘在河南的产区分布见附录3《河南省道地药材目录（第一批）》。三门峡市卢氏县的连翘资源总面积在200万亩以上，有着"中国连翘第一县"的美誉。

（1）质量评价标准

1）经验鉴别 青翘以色较绿、不开裂者为佳；老翘以色较黄、瓣大、壳厚者为佳。

2）检查 青翘杂质不得超过3.0%，老翘杂质不得超过9.0%，青翘和老翘的水分不得超过10.0%，总灰分不得超过4.0%。

3）浸出物 照醇溶性浸出物测定法下的冷浸法测定，用65%乙醇作溶剂，青翘不得少于30.0%；老翘不得少于16.0%。

4）含量测定 照高效液相色谱法测定，本品含连翘苷（$C_{27}H_{34}O_{11}$）不得少于0.15%，青翘含连翘酯苷A（$C_{29}H_{36}O_{15}$）不得少于3.5%；老翘含连翘酯苷A（$C_{29}H_{36}O_{15}$）不得少于0.25%。照挥发油测定法测定，青翘含挥发油不得少于2.0%（mL/g）。

（2）商品规格等级

连翘药材一般有青翘和老翘两个规格。青翘分为选货和统货，老翘均为统货。

1）青翘选货　干货。呈狭卵形至卵形，两端狭长，长 1.5~2.5cm，直径 0.5~1.3cm。表面有不规则的纵皱纹，且凸起的灰白色小斑点较少，两面各有 1 条明显的纵沟；多不开裂，表面青绿色或绿褐色。果柄残留率 <10%。质坚硬，气芳香、味苦，无皱缩。

2）青翘统货　干货。无果柄残留。余同选货。

3）老翘统货　干货。呈长卵形或卵形，两端狭尖，多分裂为两瓣，长 1.5~2.5cm，直径 0.5~1.3cm。表面有一条明显的纵沟和不规则的纵皱纹及凸起小斑点，间有残留果柄，表面棕黄色，内面浅黄棕色，平滑，内有纵隔。质坚脆。种子多已脱落。气微香，味苦。

（3）生产加工技术要点

1）选地整地　连翘适应性比较强，但宜选择土质深厚疏松、酸碱度适中的壤土或砂壤土，挖深 30~50cm、直径 50cm 的鱼鳞坑，每坑施入农家肥 20~30kg。

2）繁殖与播种　目前产区多以扦插繁殖为主。选优良母株，剪取一至二年生的健壮嫩枝，截成 20~30cm 长的带 2~3 个节位的插穗，将插穗基部（1~2cm 处）浸泡于 500 倍的 ABT 生根粉或 500~1 000 倍的吲哚丁酸溶液中，捞出后随即插入苗床，当年即可长成 50cm 以上的适宜移栽的植株。目前河南生产栽培多采用此法育苗。

秋季落叶后或春季萌芽前，按照不同标准将苗木分级栽培，先向坑内回填一部分土壤，放置苗木，然后边填土、边提苗、边踩实。定植后立即浇透水 1 次，并松土保墒，连翘定植 3~4 年开花结果。定植密度一般为 2m×2.5m，每亩 120~130 株。

3）田间管理

苗期管理　当苗高 7~10cm 时，按株距 7cm 进行间苗，剔除细弱苗；当苗高 15cm 左右，根据"去弱留强"的原则，按株距 7~10cm 定苗，留健壮苗 1 株，苗期要常松土除草。

施肥　苗期勤施薄肥，也可在行间开沟，每平方米施腐熟的农家肥 2~4kg，以促进茎、叶的生长。定植后，每年冬季连翘休眠期和开花期，结合松土除草施入腐熟的农家肥，幼株每株 1kg，株旁挖穴或开沟施入。禁施硝态氮肥、未腐熟的人粪尿、未获准登记的肥料产品、未经无害化处理的垃圾。

灌溉　连翘属耐寒植物，如有灌溉条件，可根据天气情况，在萌芽前、开花前和果实膨大期及时浇水，以保证正常开花和果实饱满。雨季要及时开沟排水，以免积水烂根。

中耕除草　定植后前两年，在每年的 4~7 月，每月至少除草 1 次。2 年后，由于植株长势较高，可以减少除草次数。

整形修剪　定植第一年 11 月至翌年 2 月，离地 70~80cm 时定干，在不同的方向选择 3~4 个粗壮侧枝培育成主枝，以后在主枝上再留选 2~3 个壮枝培育成为副主枝，把副主枝上放出的侧枝培育成结果短枝。

冬季修剪于落叶后至翌年萌芽前进行，主要修剪主、侧枝，剪去病虫枝、枯枝、纤弱枝等，并进行老枝回缩复壮。夏季修剪于 5~8 月进行，主要是摘梢、抹芽和摘心。

病虫害防治　连翘主要病害为叶斑病，可以通过合理修剪、肥水管理、选用高效低毒的杀菌剂叶面喷施等方法进行防治。主要虫害为钻心虫，可以用频振式杀虫灯诱杀、人工抹去虫卵等方法防治。

4）采收及产地加工

采收　分为青翘和老翘，秋季果实初熟尚带绿色时采收为青翘，果实熟透时采收为老翘。

产地加工　青翘采回后除去杂质，蒸熟，晒干或烘干。老翘采回后去净枝叶，除去种子，晒干或烘干。

5）炮制　取原药材，除去杂质及果柄，抢水洗净，晒干，筛去脱落的心及灰屑。

5 "十大豫药"之金银花在河南的质量评价标准、商品规格等级及生产加工技术要点是什么？

金银花,忍冬科多年生半常绿藤本植物,以其干燥花蕾或带初开的花入药,味甘,性寒,归肺、心、胃经,具有清热解毒、疏散风热的功效。金银花在河南的产区分布见附录3《河南省道地药材目录(第一批)》。

(1)质量评价标准

1)经验鉴别　以花蕾不开放、色黄白或绿白、无杂质者为佳。

2)检查　水分不得超过12.0%,总灰分不得超过10.0%,酸不溶性灰分不得超过3.0%。照铅、镉、砷、汞、铜测定法测定,铅不得超过5mg/kg,镉不得超过1mg/kg,砷不得超过2mg/kg,汞不得超过0.2mg/kg,铜不得超过20mg/kg。

3)含量测定　照高效液相色谱法测定,本品含绿原酸($C_{16}H_{18}O_9$)不得少于1.5%,木犀草苷($C_{21}H_{20}O_{11}$)不得少于0.050%。含酚酸类以绿原酸($C_{16}H_{18}O_9$)、3,5-二-O-咖啡酰奎宁酸($C_{25}H_{24}O_{12}$)和4,5-二-O-咖啡酰奎宁酸($C_{25}H_{24}O_{12}$)的总量计,不得少于3.8%。

(2)商品规格等级

根据加工方式,将金银花药材分为"晒货"和"烘货"两个规格;在规格项下,根据开放花率、枝叶率和黑头黑条率等进行等级划分。详见下表。

金银花规格等级划分表

规格	等级	性状	颜色	开放花率	枝叶率	黑头黑条率	其他
晒货	一等	花蕾肥壮饱满、匀整	黄白色	0%	0%	0%	无破碎
	二等	花蕾饱满、较匀整	浅黄色	≤1%	≤1%	≤1%	—
	三等	欠匀整	色泽不分	≤2%	≤1.5%	≤1.5%	—

规格	等级	性状	颜色	开放花率	枝叶率	黑头黑条率	其他
烘货	一等	花蕾肥壮饱满、匀整	青绿色	0%	0%	0%	无破碎
	二等	花蕾饱满、较匀整	绿白色	≤ 1%	≤ 1%	≤ 1%	—
	三等	欠匀整	色泽不分	≤ 2%	≤ 1.5%	≤ 1.5%	—

（3）生产加工技术要点

1）选地与整地 金银花栽培对土壤和气候的要求不严，抗逆性较强，以土层较厚的砂壤土为最佳。为便于管理，以有利于灌水、排水的平整地块较好。移栽前每亩施入充分腐熟有机肥 3 000~5 000kg，深翻或穴施均可，耙磨、踏实。

2）育苗与移栽 生产上常用的方法是扦插育苗法。一般在雨季进行。在夏秋阴雨天气，插穗选 1~2 年生健壮、无病虫害的枝条，截成有 3 个节位、长 30cm 左右的插条。在平整好的苗床上，按行距 30cm 定线开沟，沟深 20cm。沟开好后按株距 5~10cm 直埋于沟内，或只松土不挖沟，将插条 1/2~2/3 插入孔内，压实按紧。及时浇水覆盖。

在整好的栽植地上，按行距 130cm、株距 100cm 挖宽深各 30~40cm 的穴，把足量的基肥与底土拌匀施入穴中，每穴栽壮苗 1 株，填细土压紧、踏实，浇透定根水。

3）田间管理

施肥 金银花一般至少每年施 2 次肥料。第一次在封冻前，每株可用有机肥 5kg，同复合肥 50~100g 混合施入；第二次在头茬花蕾采摘后，每株可施用有机肥 5~10kg 或复合肥 50~100g，以后每采摘 1 次花蕾，则施用 1 次速效氮肥。

灌溉 多雨季节及时排水。每年土壤封冻前、早春萌芽前、每茬花的花蕾形成期和施肥后各浇水一次。其他生长时期视墒情及时浇水。

整形和修剪 生产上以伞形树形为主。具体做法是修剪过长枝、病弱枝、枯枝及向下延伸枝，使枝条成丛直立，主干粗壮，分枝疏密均匀。金银花的修剪分冬剪和夏剪，冬剪可重剪，夏剪则轻剪。冬剪在每年的 12 月下旬至翌年的早春尚未发出新芽前进行，以重短截为主。夏剪在每茬花蕾采摘后进行，夏剪以短截为主，疏剪为辅。枝条修剪时可留 3~5 个节间，徒长枝和长壮枝要重短截至瘪芽处。

病虫害防治 金银花的病害有白粉病、褐斑病等，虫害有蚜虫、红蜘蛛、棉铃虫、介壳虫、蛴螬等。可以采取秋末冬初深中耕，清除园内的落叶杂草，加强通风、透光等农业综合措施；根据害虫生物学特性，采取糖醋液、诱虫板、杀虫灯等方法诱杀害虫；保护利用瓢虫、草蛉、捕食螨等昆虫天敌或应用有益微生物及其代谢产物防治病虫。

4）采收及产地加工

采收 金银花采收最佳时间是清晨和上午，此时采收，花蕾不易开放，养分足、气味浓、颜色好。下午采收应在太阳落山前结束，因为太阳落山后成熟金银花花蕾就要开放，影响质量。不带幼蕾，不带叶子，采后放入条编或竹编的篮子内，集中的时候不可堆成大堆，应摊开放置，放置时间最长不要超过4 小时。

产地加工 ①日晒、阴晾法。5~6 月采收，择晴天早晨露水刚干时摘取花蕾，置于芦席、石棚或场上摊开晾晒或通风阴干，以 1~2 天内晒干为好。晒花时切勿翻动，否则花色易变黑而降低质量，至九成干时，拣去枝叶杂质即可。忌在烈日下暴晒。②烘干法。若遇阴雨天气应及时烘干。因烘干不受外界天气影响，温度容易控制，所以烘干比晒干的成品率高，质量好。一般烘 12~20小时可全部烘干，烘干期间不能用手或其他东西翻动，不能中断，否则会引起变质。③炒鲜处理干燥法。把适量鲜品放入干净的热锅内，随即均匀地轻翻轻炒，至鲜花均匀萎蔫，取出晒干或烘干，置于通风处阴干。炒时必须严格控制火候，防止焦碎。④蒸汽处理干燥法。将鲜花疏松地放入蒸笼内，蒸3~5分钟，取出晒干或烘干。用蒸汽处理时间不宜过长，以防鲜花熟烂，改变性味。此法增加了花的水分含量，要及时晒干或烘干，因阴干的成品质量较差，不建议阴干。

5）炮制

金银花　取原药材，除去杂质，筛去灰屑。

炒金银花　取净金银花，置热锅内，用文火拌炒，至黄色为度，取出摊开晾凉。

金银花炭　取拣净的金银花，置锅内，用中火炒至表面焦褐色时喷淋清水少许，灭尽火星，炒干，取出晾透。

6 "十大豫药"之牛至在河南的质量评价标准、商品规格等级及生产加工技术要点是什么？

牛至，唇形科多年生半灌木或草本植物，以其干燥全草入药，味辛、微苦，性凉，归肺、胃、大肠经，具有解表、理气、清暑、利湿的功效。牛至在河南的产区分布见附录3《河南省道地药材目录（第一批）》。

（1）质量评价标准

1）检查　牛至药材杂质不得超过2.0%，水分不得超过10.0%，灰分不得超过10.0%，酸不溶性灰分不得超过2.5%，醇溶性浸出物不得低于19.0%。

2）含量测定　牛至中的迷迭香酸（$C_{18}H_{16}O_8$）含量不低于0.9%。

（2）商品规格等级

目前国内暂未出台相关的商品规格等级标准。

（3）生产加工技术要点

1）选地整地　宜选择向阳、富含有机质，且排水和通气良好的砂壤土，土壤酸碱度以微酸或近中性为佳。土壤深耕30cm，耙碎、整平，每亩施入腐熟细碎的有机肥 3 000kg 和复合肥（氮：磷：钾 =15：15：15）100~200kg，与土壤充分混合，作高畦或平畦，畦宽 1.3m，长 8~10m。

2）繁殖与移栽　牛至的繁殖方式分为种子繁殖、分株繁殖和扦插繁殖。

种子繁殖　一般采用直播法，多于春季 3 月播种，将种子与细沙混合后，按行株距 25cm×20cm 开穴播种。条播按行株距 25cm 开条沟，将种子均匀播入。

分株繁殖　在早春或秋季进行。挖出老株，选择健壮的种根进行栽种。种植后保持土壤湿润，直到长出新根。

扦插繁殖　牛至扦插育苗一般在 5~10 月进行。从母株上选取 5~10cm 当年生健壮枝条做插穗。插穗下部叶片全部去掉，下端剪斜马蹄口形。扦插前用适宜浓度的杀菌剂与生根剂或生长素混合液处理插穗下部。按照入土深度 2~3cm，行距 5~10cm，株距 2~3cm 将插穗垂直或稍倾斜插入苗床。扦插后，用遮光率 75% 的遮阳网遮阴，20~30 天后除去遮阳网。早春、晚秋气温低时还需搭建塑料膜拱棚，当棚内温度 ≤ 25℃时，拱棚需封闭保温；棚内温度 ≥ 30℃时，打开拱棚两端薄膜，通风降温；遇高温天气，昼揭夜盖；移栽前 8~10 天逐步揭膜炼苗。

3）田间管理

肥水管理　定植后，浇定植水，隔 3~5 天浇缓苗水，生长期 7~15 天浇水一次。缓苗后及时中耕除草，雨季应及时排水。每次采收后，每亩追施富氮有机肥 50~75kg。植株鲜蕾时，将枝修剪为 10cm 左右，修剪后追肥，以促进新枝生长。在入冬前，叶面喷施磷酸二氢钾或者过磷酸钙，增强植株抗寒性。

修剪　牛至长到 10cm 高时，应定期修剪。将牛至去尖，有利于植株饱满成形，避免徒长和植株散乱。随着植株渐长，每周都需修剪。如植株已过度木质化，可以将其从根部全部剪掉，促进嫩芽再从基部长出，最终形成新的植株。

病虫害防治　牛至在栽培过程中，容易被小食心虫、粉虱、蚜虫等害虫侵袭。可以采取合理轮作、及时清园等农业措施；采用黄色粘虫板、诱虫灯或饵料诱杀等物理防治方法防治害虫；也可以利用天敌生物，或使用生物农药防治。蚜虫可选用苦参碱水剂，或球孢白僵菌可湿性粉剂，或银杏果提取物可溶液剂等生物制剂防治。白粉虱可选用藜芦根茎提取物可溶液剂、金龟子绿僵菌CQMa421可分散油悬浮剂、耳霉菌悬浮剂等生物制剂防治。

4）采收及产地加工

采收　6~7月于花开时收割第一茬，收割时主茎留3~5片绿叶，每株预留3~5个小分枝。10月花开时采收第二茬。以晴天采收为宜。

产地加工　为了减少牛至精油的挥发，收割的牛至应摊开后放在避光、通风良好的地方进行阴干处理。阴干后的植株经粉碎便可以放入提取设备中进行牛至精油的提取。

5）炮制

取原药材，除去杂质，抢水洗净，稍润，切断，晾干，筛去灰屑。

❼ "十大豫药"之丹参在河南的质量评价标准、商品规格等级及生产加工技术要点是什么？

丹参，唇形科多年生草本植物，以其干燥根和根茎入药，味苦，性微寒，归心、肝经，具有活血祛瘀、通经止痛、清心除烦、凉血消痈的功效。丹参在河南的产区分布见附录3《河南省道地药材目录（第一批）》。

（1）质量评价标准

1）经验鉴别　以条粗壮、紫红色者为佳。

2）检查　水分不得超过13.0%，总灰分不得超过10.0%，酸不溶性灰分不得超过3.0%。照铅、镉、砷、汞、铜测定法测定，铅不得超过5mg/kg，镉不得超过1mg/kg，砷不得超过2mg/kg，汞不得超过0.2mg/kg，铜不得超过20mg/kg。

3）浸出物　照水溶性浸出物测定法下的冷浸法测定，水溶性浸出物不得少于35.0%；照醇溶性浸出物测定法下的热浸法测定，用乙醇作溶剂，醇溶性浸出物不得少于 15.0%。

4）含量测定　照高效液相色谱法测定，按干燥品计算，含丹参酮 II_A（$C_{19}H_{18}O_3$）、隐丹参酮（$C_{19}H_{20}O_3$）和丹参酮 I（$C_{18}H_{12}O_3$）的总量不得少于 0.25%；含丹酚酸 B（$C_{36}H_{30}O_{16}$）不得少于 3.0%。

（2）商品规格等级

丹参商品有野生品和栽培品之分，栽培丹参按粗细分为一、二等。全国多数地区认为野生丹参质优。

1）野生统货　呈圆柱形，条短粗，有分枝，扭曲；表面红棕色或深浅不一的红黄色，皮粗糙，多鳞片状，易剥落。体轻而脆，断面红黄色或棕色，疏松有裂隙，显筋脉白色。气微，味甘、微苦。

2）栽培丹参

一等　干货。呈圆柱形或长条形，偶有分枝。表面紫红色或黄红色，有纵皱纹。质坚实，皮细而肥壮。断面灰白色或黄棕色，无纤维。气弱，味甜、微苦。多为整枝，头尾齐全，主根上中部直径在 1cm 以上。无芦茎、碎节、须根、杂质、虫蛀、霉变。

二等　干货。主根上中部直径在 1cm 以下，但不得低于 0.4cm。有单枝及撞断的碎节。其余同一等。

（3）生产加工技术要点

1）选地整地　选择向阳、土层深厚、排水良好的砂质土壤栽培。土壤过黏，通气和排水不良，易引起根部腐烂。前茬作物秋季收获后，每亩施入腐熟农家肥 1 500~2 000kg、饼肥 50kg、复合肥 50kg，深翻土壤 30cm 以上，耙细整平，起垄覆膜，垄高 30~35cm，垄宽 50~55cm，垄间距 30cm。在地下水位高的平原地区种植时，需开挖较深的厢沟和排水沟，以利排水。

2）繁殖与播种　目前生产上多用育苗移栽和分根繁殖。

育苗移栽　选择排灌方便、阳光充足，前茬为禾本科作物的地块，配合深耕，施足基肥，整平耙细，做成宽 1.5m 左右，高 12~15cm 的畦。选择当年 6

月以后成熟的无病虫、籽粒饱满的种子。播种前采用温汤浸种或高锰酸钾浸、拌种等方式进行种子处理。7月中旬，将种子均匀撒在畦面，轻轻镇压，覆盖遮阳网后，立即喷灌浇水，或趁墒下种后覆盖遮阳网。忌大水漫灌。每亩用种量7kg左右。在丹参苗长出两片真叶之前，须覆盖双层遮阳网、适当补水，保持土壤湿润。7天左右，撤去第一层遮阳网，15天后撤去所有遮阳网。9~10月底按株行距20cm×30cm移栽于大田。

分根繁殖　选直径1cm左右、粗壮色红、无病虫害的一年生侧根，将其折成4~6cm的根段，按行距30~35cm，株距20~30cm，挖5cm深的穴，每穴栽1~2个根段，随挖随栽，边折边栽，栽后覆土2cm左右。

3）田间管理

中耕除草　一般中耕除草3次。第1次在返青时或苗高约6cm时进行；第2次在6月进行；第3次在7~8月进行。封垄后不便再行中耕除草。禁用除草剂。

施肥　结合中耕除草进行追肥3次，第一次在出苗后不久，以氮肥为主，可每亩施3kg尿素；第二次在5月中下旬追施，不留种的地块，可在剪去花薹后，追施充分腐熟的农家肥500kg，配合过磷酸钙、硝酸钾各15kg；第三次在8月上旬，根据苗情，追施腐熟的农家肥1 000kg，配合过磷酸钙20kg、氯化钾15kg。施肥可采用沟施，也可开穴施入，施后覆土盖肥。

灌溉排水　出苗前要保持土壤湿润，干旱时及时沟灌或浇水。雨季及时排水，防止多雨季节受涝。

摘蕾　4月下旬丹参陆续抽薹开花，除留种田外，在丹参花薹主轴和侧枝上有花蕾出现时，分次摘除花蕾，以利根部生长。摘蕾宜早宜勤，每7~10天摘剪一次，连续进行数次。

剪老秆　留种丹参在收过种子以后，应将老秆齐地剪掉。

病虫害防治　丹参的主要病害有根腐病、白绢病、茎基腐病、叶斑病等；主要虫害有蛴螬（金龟子幼虫）、金针虫、地老虎、甜菜夜蛾、棉铃虫等。可以采取选用抗病虫害品种、轮作倒茬、深耕等农业防治措施；色板诱杀、食诱剂诱杀、杀虫灯诱杀、性信息素诱杀等物理防治措施；充分利用瓢虫、草蛉、小花蝽和食蚜蝇等天敌自然控制害虫或生物农药防治等生物防治措施；也可以在病害发生初期和害虫低龄幼虫期及时采用低毒高效的农药进行化学防治。

4）采收及产地加工

采收　年底茎叶经霜枯萎至翌年早春返青前，是最适宜的收获期。一般丹参于栽种第二年 11~12 月上旬收获。采挖要选择晴天进行，整个根部挖起后，抖去泥块，放在地里晾晒，待根部失去部分水分发软后，再除去根上附着的泥土，运回加工，忌水洗雨淋。

产地加工　将根条晾晒至五六成干时，每堆 500~1 000kg 集中堆闷"发汗"。4~5 天后，重新摊开，除去须根，晒干。

5）炮制

丹参片　丹参除去杂质及残茎，洗净，润透，切厚片，干燥。成品为外表棕红色或暗棕红色类圆形或椭圆形的厚片。

酒丹参　取丹参片，加黄酒拌匀，闷润至透，置锅内，用文火炒干，取出放凉。

⑧ "十大豫药" 之夏枯草在河南的质量评价标准、商品规格等级及生产加工技术要点是什么？

夏枯草，唇形科多年生草本植物，以其干燥果穗入药，味辛、苦，性寒，归肝、胆经，具有清肝泻火、明目、散结消肿的功效。夏枯草在河南的产区分布见附录 3《河南省道地药材目录（第一批）》。

（1）质量评价标准

1）经验鉴别　以穗大、色棕红、摇之作响者为佳。

2）检查　水分不得超过 14.0%，总灰分不得超过 12.0%，酸不溶性灰分不得超过 4.0%。

3）浸出物　照水溶性浸出物测定法下的热浸法测定，不得少于10.0%。

4）含量测定　照高效液相色谱法测定，本品按干燥品计算，含迷迭香酸（$C_{18}H_{16}O_8$）不得少于0.20%。

（2）商品规格等级

夏枯草药材一般为选货和统货2个规格，都不分等级。

1）选货　干货。果穗呈圆柱形或棒状，略扁。直径0.8~1.5cm。体轻，摇之作响。全穗由数轮至10多轮宿存的宿萼与苞片组成，每轮有对生苞片2片，呈扇形，先端尖尾状，脉纹明显，外表面有白毛。每一苞片内有花3朵，花冠多已脱落，花萼二唇形，内有小坚果4枚。果实卵圆形，棕色，尖端有白色突起。气微，味淡。残留果穗梗的长度≤1.5cm。果穗长≥3cm。淡棕色至棕红色。

2）统货　干货。果穗长1.5~8cm。淡棕色至棕红色，间有黄绿色、暗褐色，颜色深浅不一。余同选货。

（3）生产加工技术要点

1）选地整地　夏枯草适应性强，对土质要求不严，但以阳光充足，土层深厚肥沃、排水良好、疏松通气透水的砂壤土为佳，最好与水稻轮作或与玉米套种。深耕30cm。整地前，每亩施用商品有机肥1 000kg、磷肥50kg、尿素20~25kg或复合肥50kg，正常翻耕、耙细，整成2~3m宽的平畦。

2）繁殖与播种　生产中一般采用种子直播。春、秋两季均可播种，春播3月下旬至4月上旬，秋播8月上旬至9月上中旬。播种一般分条播和撒播两种，条播按株行距15~20cm开沟，将种子拌细沙，均匀撒于沟内；撒播可将种子均匀撒于畦面，然后用扫帚轻扫，将种子掩埋。播后浇水1次，保持畦面湿润，15~20天出苗。

3）田间管理

间苗、定苗　出苗前，要保持土壤湿润。苗长到6~8片叶时，按行距20~25cm，株距15~20cm进行间苗。

中耕除草 夏枯草全生育期一般要进行两次中耕锄草。第一次在12月中下旬至翌年1月上中旬，用锄头浅锄松土，利于定植夏枯草生根和蹲苗过冬。第二次在2月中下旬至3月上中旬，气温回升，雨水增多，杂草和夏枯草均开始快速生长，应及时用锄头稍深锄，去除杂草、中耕松土，结合施肥理畦，利于夏枯草分蘖、发棵。

肥水管理 开春以后，结合中耕除草，亩追施尿素10kg左右，促进夏枯草分蘖、发棵和早日封行。4月底至5月上中旬的花蕾期，用0.2%磷酸二氢钾和0.3%硼砂叶面喷施，促进花蕾发育和果穗饱满整齐，并能促进果穗提早转黄成熟。每7~10天喷一次，连续喷2~3次，喷洒要均匀，以叶面不滴水为宜。雨水过多时，应及时疏通排水沟，以利排水。

病虫害防治 夏枯草在生长过程中可能会受到花叶病毒病、焦叶病、大灰象甲、蚜虫等病虫害的侵袭，应采取综合防治措施。可以选择抗病性强的品种，加强田间管理，及早发现，及时采取化学防治或生物防治的方法进行治理。如病毒病在发病初期用20%菌毒清可湿性粉剂500倍液，或1.5%植病灵乳剂、20%盐酸吗啉胍可湿性粉剂400倍液喷雾，每隔10天喷一次，连喷2~3次；蚜虫发生期用3%啶虫脒乳油或者可湿性粉剂2 000~3 000倍液，10%的吡虫啉可湿性粉剂1 500倍液，间隔7天喷一次，连喷两次。重点是叶背和叶梢。

4）采收及产地加工

采收 春播在当年采收，秋播在第二年采收。在6月上中旬，植株80%果穗由黄渐变成棕红色时进行收割。可用镰刀人工收割，也可用机械收割。收割前要关注天气变化，避免阴雨天收割。

产地加工 将收割后的夏枯草摊在晾场或者田间晒干，晾晒期间严防雨淋，晒干后可直接剪穗。剪穗时要求所带茎秆不超过2cm。将剪好的果穗装入洁净、无污染的薄膜袋或编织袋中，储存在干燥通风的场所。储存时，地面要垫高或者用塑料薄膜覆盖以防受潮发霉。

5）炮制 果穗除去杂质及残留的柄或叶，筛去灰屑，用清水洗净泥土，滤干水分，晒干。

⑨ "十大豫药"之杜仲在河南的质量评价标准、商品规格 等级及生产加工技术要点是什么？

杜仲，杜仲科多年生木本植物，以其干燥树皮入药，味甘，性温，归肝、肾经，具有补肝肾、强筋骨、安胎的功效。杜仲在河南的产区分布见附录3《河南省道地药材目录（第一批）》。

（1）质量评价标准

1）经验鉴别　以皮厚、块大、去净粗皮、内表面暗紫色、断面丝多者为佳。

2）浸出物　照醇溶性浸出物测定法下的热浸法测定，用75%乙醇作溶剂，不得少于11.0%。

3）含量测定　照高效液相色谱法测定，含松脂醇二葡萄糖苷（$C_{32}H_{42}O_{16}$）不得少于0.10%。

（2）商品规格等级

杜仲药材一般有选货和统货2个规格。选货分为2个等级。

1）选货一等　去粗皮。外表面灰褐色，有明显的皱纹或纵裂槽纹，内表面暗紫色，光滑。质脆，易折断，断面有细密、银白色、富弹性的橡胶丝相连。气微，味稍苦。板片状，厚度≥0.4cm，宽度≥30cm，碎块≤5%。

2）选货二等　板片状，厚度0.3~0.4cm，宽度不限，碎块≤5%。余同一等。

3）统货　板片或卷形，厚度≥0.3cm，宽度不限，碎块≤10%。余同一等。

（3）生产加工技术要点

1）选地整地　杜仲可在田边、地角、房前屋后等地块零星种植，或成片种植。成片种植的，最好选择土层深厚、疏松肥沃、排水良好的微酸性砂质土壤。种植前深翻土壤，施足底肥，耙平，按行株距2m×3m挖穴，深30cm，宽80cm，穴内施入腐熟农家肥、饼肥、过磷酸钙等基肥少许，与穴土拌匀备用。

2）育苗与移栽　生产上多采用种子播种育苗。如春播，种子应进行催芽处理。可以利用温水浸种、湿沙层积、赤霉素催芽等方法，其中湿沙层积处理最为常用。日平均气温稳定在10℃以上时即可播种。一般多采用条播法，按株行距10cm×（25~30）cm开沟，沟深3~5cm。播后覆土2~3cm，并盖草保持土壤湿润。每亩用种量4~5kg。

秋季苗木落叶后至次年春季新叶萌芽前可将幼苗移出定植。将根系发育较好、无严重损伤的健壮苗木置于挖好的穴内，令根系舒展，逐层加土踏实，浇足定根水，最后覆盖一层细土。

3）田间管理

大田管理　大田移栽当年要经常浇水，保持土壤湿润，每年春、夏季中耕除草1次，定植一年生的弯曲不直的植株应于春季萌动前15天在离地面2~4cm处将主干剪去平茬，平茬后剪口处只留一粗壮萌条。在生长过程中抹去下部腋芽（苗高1/2以下）。结合除草，每亩每年追施腐熟农家肥2 000kg，另加过磷酸钙20~30kg、氮肥和钾肥各10kg。每年冬季修剪侧枝与根部的幼嫩枝条，使主干粗壮。

病虫害防治　杜仲树常见的病害有叶枯病、枝枯病、灰斑病、立枯病等，虫害有刺蛾、茶翅蝽象、杜仲夜蛾等。病虫害防治坚持"预防为主，综合防治"的方针，坚持"以农业防治、物理防治、生物防治为主，化学防治为辅"的原则。可以采用生石灰土壤消毒、天敌捕食、物理诱杀等措施，选择农药时有针对性地优先选择低毒高效的生物农药。

4）采收及产地加工

采收　整株采收一般在4~7月，先在地面处锯一环状切口，深达茎的木质部，按商品规格所需长度向上量，再锯一环状切口，并用利刀纵割一刀，用竹片剥下树皮，然后砍倒树木，按前法继续剥皮，剥完为止。环剥采收时间大致在5月上旬至7月上旬，阴而无雨的天气环剥最好。杜仲叶的采收可根据需要适时采摘，绿原酸含量以6月、11月最高，5月最低；桃叶珊瑚苷在6月、11月含量最高，7月、8月最低；京尼平苷酸在6月含量最高，5月、11月最低；总黄酮以5月含量最高，10月最低；杜仲胶含量以5~6月最高。

产地加工 剥下的树皮先用开水烫，然后按所需要的长度，把树皮整理好。将皮的内面两两相对，层层重叠、压紧，堆积放置于平地，以稻草垫底，四面用稻草盖好，上盖木板，并加石块压平，再用稻草覆盖，使其发汗（使内在水分向外浸出），一周后，从中间抽出一块检查，如果树皮内面已呈暗紫色，即可取出晒干；如皮色还是紫红，必须再经发汗。压平晒干后的杜仲树皮，如有外皮粗糙者，还需刨去粗糙表皮，再分成各种规格打捆出售。

5）炮制

杜仲 取原药材，除去残留粗皮，洗净，切块或丝，干燥。

盐杜仲 取杜仲块或丝，按照每100kg杜仲块或丝加食盐2kg的比例，加盐水拌匀，待盐水被吸尽后，置炒制容器内，用中火炒至丝易断、表面焦黑色时，取出晾凉，筛去碎屑。

⑩ "十大豫药"之山茱萸在河南的质量评价标准、商品规格等级及生产加工技术要点是什么？

山茱萸，山茱萸科多年生木本植物，以其干燥成熟果肉入药，味酸、涩，性微温，归肝、肾经，具有补益肝肾、收涩固脱的功效。山茱萸在河南的产区分布见附录3《河南省道地药材目录（第一批）》。

（1）质量评价标准

1）经验鉴别 以无核、果肉厚、色红、柔润者为佳。

2）检查 杂质（果核、果梗）不得超过3%，水分不得超过16.0%，总灰分不得超过 6.0%。照铅、镉、砷、汞、铜测定法测定，铅不得超过 5mg/kg，镉不得超过 1mg/kg，砷不得超过 2mg/kg，汞不得超过 0.2mg/kg，铜不得超过 20mg/kg。

3）浸出物　照水溶性浸出物测定法项下的冷浸法测定，不得少于 50.0%。

4）含量测定　照高效液相色谱法测定，本品按干燥品计算，含莫诺苷（$C_{17}H_{26}O_{11}$）和马钱苷（$C_{17}H_{26}O_{10}$）的总量不得少于 1.2%。

（2）商品规格等级

根据市场流通情况，将山茱萸分为"选货"和"统货"；选货可根据颜色和含杂质的多少分为四个等级。详见下表。

山茱萸规格等级划分表

等级		性状描述	
		共同点	区别点
选货	一等	本品呈不规则的片状或囊状，长 1~1.5cm，宽 0.5~1cm。皱缩，质柔软，有光泽。气微，味酸、涩、微苦	表面鲜红色，每千克暗红色≤10%、无杂质
	二等		表面暗红色，每千克红褐色≤15%、杂质≤1%
	三等		表面红褐色，每千克紫黑色≤15%、杂质≤2%
	四等		表面紫黑色，每千克杂质＜3%
统货			表面鲜红、紫红色至紫黑色，每千克杂质＜3%

（3）生产加工技术要点

1）选地与整地　山茱萸对土壤要求不严，以中性和微酸性、具团粒结构、通气性佳、排水良好、富含腐殖质、较肥沃的土壤为最佳。宜选择海拔 200~1 200m，坡度 20°~30° 的背风向阳的空隙地。由于山茱萸种植多在山区，在坡度小的地块可常规进行全面耕翻；在坡度 25° 以上的地段按坡面一定宽度沿等高线开垦，即带垦；在坡度大、地形破碎的山地或多石山区采用鱼鳞坑整地，挖穴栽植，穴径 50cm 左右，深 30~50cm，每穴施有机肥 5~7kg，与底土混匀。

2）繁殖与定植　山茱萸多采用种子育苗移栽法，育苗前，需对种子进行催芽处理，可采用药剂处理、温水浸泡、层积处理等办法。将处理好的种子按照行距 20~30cm，沟深 4~5cm 条播，覆土 2~3cm，镇压后浇水、覆膜或盖湿草。其间及时松土除草、防治病虫害。苗高 60~100cm 即可出圃。

移栽定植在冬季时成活率高。定植时，树苗带土移栽到挖好的穴内，根部要舒畅，勿使弯曲。一般每亩山地种 60 株，定植后覆土盖实，浇定根水。

3）田间管理

树盘覆草 树盘覆草有利于山茱萸生长发育和开花结果。树盘覆盖的材料可就地取材，用稻草、麦秸、玉米秸秆等皆可，覆盖面积以超过树冠投影面积为宜。

追肥 山茱萸追肥分土壤追肥和根外追肥（叶面喷肥）两种。土壤追肥在树盘土壤中施入，前期主要追施速效氮肥，后期追肥以氮、磷、钾肥，或氮、磷为主的复合肥为宜。对树体弱、结果量大的树，用 0.5%~1% 尿素和 0.3%~0.5% 的磷酸二氢钾混合液进行 1~2 次叶面喷肥。

灌溉 遇天气干旱，要及时浇水保持土壤湿润，保证植株生长的需水量，防止落花落果造成减产。

整形与修剪 栽植后选择自然开心形、主干疏层形及丛状形等树形进行整形修剪，以调整树形，有利透风，提高光合效率，实现提早结果、优质高产、延长经济收益期的目的。

病虫害防治 山茱萸树常见的病害有炭疽病和角斑病，主要虫害有蛀果蛾、尺蠖等。可以采取选用抗病品种、合理修剪、及时清园等农业措施；采取杀虫灯、糖醋液、防虫板、防虫网等物理防治措施；利用瓢虫、捕食螨、草蛉等天敌或有益微生物进行生物防治；也可以采取低毒高效农药进行防治。

4）采收及加工

采收 一般 10~11 月，当山茱萸果皮呈鲜红色时便可采收。采收时，按束顺势往下采摘，应避免伤到枝上花芽，影响来年产量。

产地加工 一般包括净选、软化、去核、干燥四个步骤。净选主要是除去枝梗、果柄、虫蛀果等杂质。软化一般采用水煮法，将果实倒入沸水中，上下翻动 10 分钟左右至果实膨胀，以用手挤压时果核能很快滑出为好。将软化好的山茱萸果趁热挤去果核，一般采用人工挤去果核或用山茱萸脱皮机去核。采用自然晒干或烘干法。

5）炮制

山茱萸 除去杂质及残留果核。

酒茱萸 取净山茱萸，按照每 100kg 山茱萸，用黄酒 20kg 的比例，加入黄酒，拌匀，装适宜蒸器内，密封，隔水蒸透，待酒被吸尽，药物变黑润，取出干燥。

附录1 中药材生产质量管理规范

第一章 总 则

第一条 为落实《中共中央 国务院关于促进中医药传承创新发展的意见》，推进中药材规范化生产，保证中药材质量，促进中药高质量发展，依据《中华人民共和国药品管理法》《中华人民共和国中医药法》，制定本规范。

第二条 本规范是中药材规范化生产和质量管理的基本要求，适用于中药材生产企业（以下简称企业）采用种植（含生态种植、野生抚育和仿野生栽培）、养殖方式规范生产中药材的全过程管理，野生中药材的采收加工可参考本规范。

第三条 实施规范化生产的企业应当按照本规范要求组织中药材生产，保护野生中药材资源和生态环境，促进中药材资源的可持续发展。

第四条 企业应当坚持诚实守信，禁止任何虚假、欺骗行为。

第二章 质量管理

第五条 企业应当根据中药材生产特点，明确影响中药材质量的关键环节，开展质量风险评估，制定有效的生产管理与质量控制、预防措施。

第六条 企业对基地生产单元主体应当建立有效的监督管理机制，实现关键环节的现场指导、监督和记录；统一规划生产基地，统一供应种子种苗或其他繁殖材料，统一肥料、农药或者饲料、兽药等投入品管理措施，统一种植或者养殖技术规程，统一采收与产地加工技术规程，统一包装与储存技术规程。

第七条 企业应当配备与生产基地规模相适应的人员、设施、设备等，确保生产和质量管理措施顺利实施。

第八条 企业应当明确中药材生产批次，保证每批中药材质量的一致性和可追溯。

第九条　企业应当建立中药材生产质量追溯体系，保证从生产地块、种子种苗或其他繁殖材料、种植养殖、采收和产地加工、包装、储运到发运全过程关键环节可追溯；鼓励企业运用现代信息技术建设追溯体系。

第十条　企业应当按照本规范要求，结合生产实践和科学研究情况，制定如下主要环节的生产技术规程：

（一）生产基地选址；

（二）种子种苗或其他繁殖材料要求；

（三）种植（含生态种植、野生抚育和仿野生栽培）、养殖；

（四）采收与产地加工；

（五）包装、放行与储运。

第十一条　企业应当制定中药材质量标准，标准不能低于现行法定标准。

（一）根据生产实际情况确定质量控制指标，可包括：药材性状、检查项、理化鉴别、浸出物、指纹或者特征图谱、指标或者有效成分的含量；药材农药残留或者兽药残留、重金属及有害元素、真菌毒素等有毒有害物质的控制标准等；

（二）必要时可制定采收、加工、收购等中间环节中药材的质量标准。

第十二条　企业应当制定中药材种子种苗或其他繁殖材料的标准。

第三章　机构与人员

第十三条　企业可采取农场、林场、公司＋农户或者合作社等组织方式建设中药材生产基地。

第十四条　企业应当建立相应的生产和质量管理部门，并配备能够行使质量保证和控制职能的条件。

第十五条　企业负责人对中药材质量负责；企业应当配备足够数量并具有和岗位职责相对应资质的生产和质量管理人员；生产、质量的管理负责人应当有中药学、药学或者农学等相关专业大专及以上学历并有中药材生产、质量管理三年以上实践经验，或者有中药材生产、质量管理五年以上的实践经验，且均须经过本规范的培训。

第十六条　生产管理负责人负责种子种苗或其他繁殖材料繁育、田间管理或者药用动物饲养、农业投入品使用、采收与加工、包装与储存等生产活动；质量管理负责人负责质量标准与技术规程制定及监督执行、检验和产品放行。

第十七条　企业应当开展人员培训工作，制订培训计划、建立培训档案；对直接从事中药材生产活动的人员应当培训至基本掌握中药材的生长发育习性、对环境条件的要求，以及田间管理或者饲养管理、肥料和农药或者饲料和兽药使用、采收、产地加工、储存养护等的基本要求。

第十八条　企业应当对管理和生产人员的健康进行管理；患有可能污染药材疾病的人员不得直接从事养殖、产地加工、包装等工作；无关人员不得进入中药材养殖控制区域，如确需进入，应当确认个人健康状况无污染风险。

第四章　设施、设备与工具

第十九条　企业应当建设必要的设施，包括种植或者养殖设施、产地加工设施、中药材储存仓库、包装设施等。

第二十条　存放农药、肥料和种子种苗，兽药、饲料和饲料添加剂等的设施，能够保持存放物品质量稳定和安全。

第二十一条　分散或者集中加工的产地加工设施均应当卫生、不污染中药材，达到质量控制的基本要求。

第二十二条　储存中药材的仓库应当符合储存条件要求；根据需要建设控温、避光、通风、防潮和防虫、防鼠禽畜等设施。

第二十三条　质量检验室功能布局应当满足中药材的检验条件要求，应当设置检验、仪器、标本、留样等工作室（柜）。

第二十四条　生产设备、工具的选用与配置应当符合预定用途，便于操作、清洁、维护，并符合以下要求：

（一）肥料、农药施用的设备、工具使用前应仔细检查，使用后及时清洁；

（二）采收和清洁、干燥及特殊加工等设备不得对中药材质量产生不利影响；

（三）大型生产设备应当有明显的状态标识，应当建立维护保养制度。

第五章　基地选址

第二十五条　生产基地选址和建设应当符合国家和地方生态环境保护要求。

第二十六条　企业应当根据种植或养殖中药材的生长发育习性和对环境条件的要求，制定产地和种植地块或者养殖场所的选址标准。

第二十七条　中药材生产基地一般应当选址于道地产区，在非道地产区选址，应当提供充分文献或者科学数据证明其适宜性。

第二十八条　种植地块应当能满足药用植物对气候、土壤、光照、水分、前茬作物、轮作等要求；养殖场所应当能满足药用动物对环境条件的各项要求。

第二十九条　生产基地周围应当无污染源；生产基地环境应当持续符合国家标准：

（一）空气符合国家《环境空气质量标准》二类区要求；

（二）土壤符合国家《土壤环境质量农用地污染风险管控标准（试行）》的要求；

（三）灌溉水符合国家《农田灌溉水质标准》，产地加工用水和药用动物饮用水符合国家《生活饮用水卫生标准》。

第三十条　基地选址范围内，企业至少完成一个生产周期中药材种植或者养殖，并有两个收获期中药材质量检测数据且符合企业内控质量标准。

第三十一条　企业应当按照生产基地选址标准进行环境评估，确定产地，明确生产基地规模、种植地块或者养殖场所布局：

（一）根据基地周围污染源的情况，确定空气是否需要检测，如不检测，则需提供评估资料；

（二）根据水源情况确定水质是否需要定期检测，没有人工灌溉的基地，可不进行灌溉水检测。

第三十二条　生产基地应当规模化，种植地块或者养殖场所可成片集中或者相对分散，鼓励集约化生产。

第三十三条　产地地址应当明确至乡级行政区划；每一个种植地块或者养殖场所应当有明确记载和边界定位。

第三十四条　种植地块或者养殖场所可在生产基地选址范围内更换、扩大或者缩小规模。

第六章　种子种苗或其他繁殖材料

第一节　种子种苗或其他繁殖材料要求

第三十五条　企业应当明确使用种子种苗或其他繁殖材料的基源及种质，包括种、亚种、变种或者变型、农家品种或者选育品种；使用的种植或者养殖物种的基源应当符合相关标准、法规。使用列入《国家重点保护野生植物名录》的药用野生植物资源的，应当符合相关法律法规规定。

第三十六条　鼓励企业开展中药材优良品种选育，但应当符合以下规定：

（一）禁用人工干预产生的多倍体或者单倍体品种、种间杂交品种和转基因品种；

（二）如需使用非传统习惯使用的种间嫁接材料、诱变品种（包括物理、化学、太空诱变等）和其他生物技术选育品种等，企业应当提供充分的风险评估和实验数据证明新品种安全、有效和质量可控。

第三十七条　中药材种子种苗或其他繁殖材料应当符合国家、行业或者地方标准；没有标准的，鼓励企业制定标准，明确生产基地使用种子种苗或其他繁殖材料的等级，并建立相应检测方法。

第三十八条 企业应当建立中药材种子种苗或其他繁殖材料的良种繁育规程，保证繁殖的种子种苗或其他繁殖材料符合质量标准。

第三十九条 企业应当确定种子种苗或其他繁殖材料运输、长期或者短期保存的适宜条件，保证种子种苗或其他繁殖材料的质量可控。

第二节 种子种苗或其他繁殖材料管理

第四十条 企业在一个中药材生产基地应当只使用一种经鉴定符合要求的物种，防止与其他种质混杂；鼓励企业提纯复壮种质，优先采用经国家有关部门鉴定，性状整齐、稳定、优良的选育新品种。

第四十一条 企业应当鉴定每批种子种苗或其他繁殖材料的基源和种质，确保与种子种苗或其他繁殖材料的要求相一致。

第四十二条 企业应当使用产地明确、固定的种子种苗或其他繁殖材料；鼓励企业建设良种繁育基地，繁殖地块应有相应的隔离措施，防止自然杂交。

第四十三条 种子种苗或其他繁殖材料基地规模应当与中药材生产基地规模相匹配；种子种苗或其他繁殖材料应当由供应商或者企业检测达到质量标准后，方可使用。

第四十四条 从县域之外调运种子种苗或其他繁殖材料，应当按国家要求实施检疫；用作繁殖材料的药用动物应当按国家要求实施检疫，引种后进行一定时间的隔离、观察。

第四十五条 企业应当采用适宜条件进行种子种苗或其他繁殖材料的运输、储存；禁止使用运输、储存后质量不合格的种子种苗或其他繁殖材料。

第四十六条 应当按药用动物生长发育习性进行药用动物繁殖材料引进；捕捉和运输时应当遵循国家相关技术规定，减免药用动物机体损伤和应激反应。

第七章 种植与养殖

第一节 种植技术规程

第四十七条 企业应当根据药用植物生长发育习性和对环境条件的要求等制定种植技术规程，主要包括以下环节：

（一）种植制度要求：前茬、间套种、轮作等；

（二）基础设施建设与维护要求：维护结构、灌排水设施、遮阴设施等；

（三）土地整理要求：土地平整、耕地、做畦等；

（四）繁殖方法要求：繁殖方式、种子种苗处理、育苗定植等；

（五）田间管理要求：间苗、中耕除草、灌排水等；

（六）病虫草害等的防治要求：针对主要病虫草害等的种类、危害规律等采取的防治方法；

（七）肥料、农药使用要求。

第四十八条 企业应当根据种植中药材营养需求特性和土壤肥力，科学制定肥料使用技术规程：

（一）合理确定肥料品种、用量、施肥时期和施用方法，避免过量施用化肥造成土壤退化；

（二）以有机肥为主，化学肥料有限度使用，鼓励使用经国家批准的微生物肥料及中药材专用肥；

（三）自积自用的有机肥须经充分腐熟达到无害化标准，避免掺入杂草、有害物质等；

（四）禁止直接施用城市生活垃圾、工业垃圾、医院垃圾和人粪便。

第四十九条 防治病虫害等应当遵循"预防为主、综合防治"原则，优先采用生物、物理等绿色防控技术；应制定突发性病虫害等的防治预案。

第五十条 企业应当根据种植的中药材实际情况，结合基地的管理模式，明确农药使用要求：

（一）农药使用应当符合国家有关规定；优先选用高效、低毒生物农药；尽量减少或避免使用除草剂、杀虫剂和杀菌剂等化学农药。

（二）使用农药品种的剂量、次数、时间等，使用安全间隔期，使用防护措施等，尽可能使用最低剂量、降低使用次数；

（三）禁止使用：国务院农业农村行政主管部门禁止使用的剧毒、高毒、高残留农药，以及限制在中药材上使用的其他农药；

（四）禁止使用壮根灵、膨大素等生长调节剂调节中药材收获器官生长。

第五十一条 按野生抚育和仿野生栽培方式生产中药材，应当制定野生抚育和仿野生栽培技术规程，如年允采收量、种群补种和更新、田间管理、病虫草害等的管理措施。

第二节　种植管理

第五十二条 企业应当按照制定的技术规程有序开展中药材种植，根据气候变化、药用植物生长、病虫草害等情况，及时采取措施。

第五十三条 企业应当配套完善灌溉、排水、遮阴等田间基础设施，及时维护更新。

第五十四条 及时整地、播种、移栽定植；及时做好多年生药材冬季越冬田地清理。

第五十五条 采购农药、肥料等农业投入品应当核验供应商资质和产品质量，接收、储存、发放、运输应当保证其质量稳定和安全；使用应当符合技术规程要求。

第五十六条 应当避免灌溉水受工业废水、粪便、化学农药或其他有害物质污染。

第五十七条 科学施肥，鼓励测土配方施肥；及时灌溉和排涝，减轻不利天气影响。

第五十八条 根据田间病虫草害等的发生情况，依技术规程及时防治。

第五十九条 企业应当按照技术规程使用农药，做好培训、指导和巡检。

第六十条　企业应当采取措施防范并避免邻近地块使用农药对种植中药材的不良影响。

第六十一条　突发病虫草害等或者异常气象灾害时，根据预案及时采取措施，最大限度降低对中药材生产的不利影响；要做好生长或者质量受严重影响地块的标记，单独管理。

第六十二条　企业应当按技术规程管理野生抚育和仿野生栽培中药材，坚持"保护优先、遵循自然"原则，有计划地做好投入品管控、过程管控和产地环境管控，避免对周边野生植物造成不利影响。

第三节　养殖技术规程

第六十三条　企业应当根据药用动物生长发育习性和对环境条件的要求等制定养殖技术规程，主要包括以下环节：

（一）种群管理要求：种群结构、谱系、种源、周转等；

（二）养殖场地设施要求：养殖功能区划分，饲料、饮用水设施，防疫设施，其他安全防护设施等；

（三）繁育方法要求：选种、配种等；

（四）饲养管理要求：饲料、饲喂、饮水、安全和卫生管理等；

（五）疾病防控要求：主要疾病预防、诊断、治疗等；

（六）药物使用技术规程；

（七）药用动物属于陆生野生动物管理范畴的，还应当遵守国家人工繁育陆生野生动物的相关标准和规范。

第六十四条　按国务院农业农村行政主管部门有关规定使用饲料和饲料添加剂；禁止使用国务院农业农村行政主管部门公布禁用的物质以及对人体具有直接或潜在危害的其他物质；不得使用未经登记的进口饲料和饲料添加剂。

第六十五条　按国家相关标准选择养殖场所使用的消毒剂。

第六十六条　药用动物疾病防治应当以预防为主、治疗为辅，科学使用兽药及生物制品；应当制定各种突发性疫病发生的防治预案。

第六十七条 按国家相关规定、标准和规范制定预防和治疗药物的使用技术规程：

（一）遵守国务院畜牧兽医行政管理部门制定的兽药安全使用规定；

（二）禁止使用国务院畜牧兽医行政管理部门规定禁止使用的药品和其他化合物；

（三）禁止在饲料和药用动物饮用水中添加激素类药品和国务院畜牧兽医行政管理部门规定的其他禁用药品；经批准可以在饲料中添加的兽药，严格按照兽药使用规定及法定兽药质量标准、标签和说明书使用，兽用处方药必须凭执业兽医处方购买使用；禁止将原料药直接添加到饲料及药用动物饮用水中或者直接饲喂药用动物；

（四）禁止将人用药品用于药用动物；

（五）禁止滥用兽用抗菌药。

第六十八条 制定患病药用动物处理技术规程，禁止将中毒、感染疾病的药用动物加工成中药材。

第四节 养殖管理

第六十九条 企业应当按照制定的技术规程，根据药用动物生长、疾病发生等情况，及时实施养殖措施。

第七十条 企业应当及时建设、更新和维护药用动物生长、繁殖的养殖场所，及时调整养殖分区，并确保符合生物安全要求。

第七十一条 应当保持养殖场所及设施清洁卫生，定期清理和消毒，防止外来污染。

第七十二条 强化安全管理措施，避免药用动物逃逸，防止其他禽畜的影响。

第七十三条 定时定点定量饲喂药用动物，未食用的饲料应当及时清理。

第七十四条 按要求接种疫苗；根据药用动物疾病发生情况，依规程及时确定具体防治方案；突发疫病时，根据预案及时、迅速采取措施并做好记录。

第七十五条　发现患病药用动物，应当及时隔离；及时处理患传染病药用动物；患病药用动物尸体按相关要求进行无害化处理。

第七十六条　应当根据养殖计划和育种周期进行种群繁育，及时调整养殖种群的结构和数量，适时周转。

第七十七条　应当按照国家相关规定处理养殖及加工过程中的废弃物。

第八章　采收与产地加工

第一节　技术规程

第七十八条　企业应当制定种植、养殖、野生抚育或仿野生栽培中药材的采收与产地加工技术规程，明确采收的部位、采收过程中需除去的部分、采收规格等质量要求，主要包括以下环节：

（一）采收期要求：采收年限、采收时间等；

（二）采收方法要求：采收器具、具体采收方法等；

（三）采收后中药材临时保存方法要求；

（四）产地加工要求：拣选、清洗、去除非药用部位、干燥或保鲜，以及其他特殊加工的流程和方法。

第七十九条　坚持"质量优先、兼顾产量"原则，参照传统采收经验和现代研究，明确采收年限范围，确定基于物候期的适宜采收时间。

第八十条　采收流程和方法应当科学合理；鼓励采用不影响药材质量和产量的机械化采收方法；避免采收对生态环境造成不良影响。

第八十一条　企业应当在保证中药材质量前提下，借鉴优良的传统方法，确定适宜的中药材干燥方法；晾晒干燥应当有专门的场所或场地，避免污染或混淆的风险；鼓励采用有科学依据的高效干燥技术以及集约化干燥技术。

第八十二条　应当采用适宜方法保存鲜用药材，如冷藏、砂藏、罐储、生物保鲜等，并明确保存条件和保存时限；原则上不使用保鲜剂和防腐剂，如必须使用应当符合国家相关规定。

第八十三条 涉及特殊加工要求的中药材，如切制、去皮、去心、发汗、蒸、煮等，应根据传统加工方法，结合国家要求，制定相应的加工技术规程。

第八十四条 禁止使用有毒、有害物质用于防霉、防腐、防蛀；禁止染色增重、漂白、掺杂使假等。

第八十五条 毒性、易制毒、按麻醉药品管理中药材的采收和产地加工，应当符合国家有关规定。

第二节 采收管理

第八十六条 根据中药材生长情况、采收时气候情况等，按照技术规程要求，在规定期限内，适时、及时完成采收。

第八十七条 选择合适的天气采收，避免恶劣天气对中药材质量的影响。

第八十八条 应当单独采收、处置受病虫草害等或者气象灾害等影响严重、生长发育不正常的中药材。

第八十九条 采收过程应当除去非药用部位和异物，及时剔除破损、腐烂变质部分。

第九十条 不清洗直接干燥使用的中药材，采收过程中应当保证清洁，不受外源物质的污染或者破坏。

第九十一条 中药材采收后应当及时运输到加工场地，及时清洁装载容器和运输工具；运输和临时存放措施不应当导致中药材品质下降，不产生新污染及杂物混入，严防淋雨、泡水等。

第三节 产地加工管理

第九十二条 应当按照统一的产地加工技术规程开展产地加工管理，保证加工过程方法的一致性，避免品质下降或者外源污染；避免造成生态环境污染。

第九十三条 应当在规定时间内加工完毕，加工过程中的临时存放不得影响中药材品质。

第九十四条 拣选时应当采取措施，保证合格品和不合格品及异物有效区分。

第九十五条 清洗用水应当符合要求，及时、迅速完成中药材清洗，防止长时间浸泡。

第九十六条 应当及时进行中药材晾晒，防止晾晒过程雨水、动物等对中药材的污染，控制环境尘土等污染；应当阴干药材不得暴晒。

第九十七条 采用设施、设备干燥中药材，应当控制好干燥温度、湿度和干燥时间。

第九十八条 应当及时清洁加工场地、容器、设备；保证清洗、晾晒和干燥环境、场地、设施和工具不对药材产生污染；注意防冻、防雨、防潮、防鼠、防虫及防禽畜。

第九十九条 应当按照制定的方法保存鲜用药材，防止生霉变质。

第一百条 有特殊加工要求的中药材，应当严格按照制定的技术规程进行加工，如及时去皮、去心，控制好蒸、煮时间等。

第一百零一条 产地加工过程中品质受到严重影响的，原则上不得作为中药材销售。

第九章 包装、放行与储运

第一节 技术规程

第一百零二条 企业应当制定包装、放行和储运技术规程，主要包括以下环节：

（一）包装材料及包装方法要求：包括采收、加工、储存各阶段的包装材料要求及包装方法；

（二）标签要求：标签的样式，标识的内容等；

（三）放行制度：放行检查内容，放行程序，放行人等；

（四）储存场所及要求：包括采收后临时存放、加工过程中存放、成品存放等对环境条件的要求；

（五）运输及装卸要求：车辆、工具、覆盖等的要求及操作要求；

（六）发运要求。

第一百零三条 包装材料应当符合国家相关标准和药材特点，能够保持中药材质量；禁止采用肥料、农药等包装袋包装药材；毒性、易制毒、按麻醉药品管理中药材应当使用有专门标记的特殊包装；鼓励使用绿色循环可追溯周转筐。

第一百零四条 采用可较好保持中药材质量稳定的包装方法，鼓励采用现代包装方法和器具。

第一百零五条 根据中药材对储存温度、湿度、光照、通风等条件的要求，确定仓储设施条件；鼓励采用有利于中药材质量稳定的冷藏、气调等现代储存保管新技术、新设备。

第一百零六条 明确储存的避光、遮光、通风、防潮、防虫、防鼠等养护管理措施；使用的熏蒸剂不能带来质量和安全风险，不得使用国家禁用的高毒性熏蒸剂；禁止储存过程使用硫黄熏蒸。

第一百零七条 有特殊储存要求的中药材储存，应当符合国家相关规定。

第二节　包装管理

第一百零八条 企业应当按照制定的包装技术规程，选用包装材料，进行规范包装。

第一百零九条 包装前确保工作场所和包装材料已处于清洁或者待用状态，无其他异物。

第一百一十条 包装袋应当有清晰标签，不易脱落或者损坏；标示内容包括品名、基源、批号、规格、产地、数量或重量、采收日期、包装日期、保质期、追溯标志、企业名称等信息。

第一百一十一条 确保包装操作不影响中药材质量，防止混淆和差错。

第三节　放行与储运管理

第一百一十二条 应当执行中药材放行制度，对每批药材进行质量评价，审核生产、检验等相关记录；由质量管理负责人签名批准放行，确保每批中药材生产、检验符合标准和技术规程要求；不合格药材应当单独处理，并有记录。

第一百一十三条 应当分区存放中药材，不同品种、不同批中药材不得混乱交叉存放；保证储存所需要的条件，如洁净度、温度、湿度、光照和通风等。

第一百一十四条 应当建立中药材储存定期检查制度，防止虫蛀、霉变、腐烂、泛油等的发生。

第一百一十五条 应当按技术规程要求开展养护工作，并由专业人员实施。

第一百一十六条 应当按照技术规程装卸、运输；防止发生混淆、污染、异物混入、包装破损、雨雪淋湿等。

第一百一十七条 应当有产品发运的记录，可追查每批产品销售情况；防止发运过程中的破损、混淆和差错等。

第十章 文 件

第一百一十八条 企业应当建立文件管理系统，全过程关键环节记录完整。

第一百一十九条 文件包括管理制度、标准、技术规程、记录、标准操作规程等。

第一百二十条 应当制定规程，规范文件的起草、修订、变更、审核、批准、替换或撤销、保存和存档、发放和使用。

第一百二十一条 记录应当简单易行、清晰明了；不得撕毁和任意涂改；记录更改应当签注姓名和日期，并保证原信息清晰可辨；记录重新誊写，原记录不得销毁，作为重新誊写记录的附件保存；电子记录应当符合相关规定；记录保存至该批中药材销售后至少三年。

第一百二十二条 企业应当根据影响中药材质量的关键环节，结合管理实际，明确生产记录要求：

（一）按生产单元进行记录，覆盖生产过程的主要环节，附必要照片或者图像，保证可追溯。

（二）药用植物种植主要记录：种子种苗来源及鉴定，种子处理，播种或移栽、定植时间及面积；肥料种类、施用时间、施用量、施用方法；重大病虫草害等的发生时间、为害程度，施用农药名称、来源、施用量、施用时间、方法和施用人等；灌溉时间、方法及灌水量；重大气候灾害发生时间、危害情况；主要物候期。

（三）药用动物养殖主要记录：繁殖材料及鉴定；饲养起始时间；疾病预防措施，疾病发生时间、程度及治疗方法；饲料种类及饲喂量。

（四）采收加工主要记录：采收时间及方法；临时存放措施及时间；拣选及去除非药用部位方式；清洗时间；干燥方法和温度；特殊加工手段等关键因素。

（五）包装及储运记录：包装时间；入库时间；库温度、湿度；除虫除霉时间及方法；出库时间及去向；运输条件等。

第一百二十三条 培训记录包括培训时间、对象、规模、主要培训内容、培训效果评价等。

第一百二十四条 检验记录包括检品信息、检验人、复核人、主要检验仪器、检验时间、检验方法和检验结果等。

第一百二十五条 企业应当根据实际情况，在技术规程基础上，制定标准操作规程用于指导具体生产操作活动，如批的确定、设备操作、维护与清洁、环境控制、储存养护、取样和检验等。

第十一章　质量检验

第一百二十六条 企业应当建立质量控制系统，包括相应的组织机构、文件系统以及取样、检验等，确保中药材质量符合要求。

第一百二十七条 企业应当制定质量检验规程，对自己繁育并在生产基地使用的种子种苗或其他繁殖材料、生产的中药材实行按批检验。

第一百二十八条　购买的种子种苗、农药、商品肥料、兽药或生物制品、饲料和饲料添加剂等，企业可不检测，但应当向供应商索取合格证或质量检验报告。

第一百二十九条　检验可以自行检验，也可以委托第三方或中药材使用单位检验。

第一百三十条　质量检测实验室人员、设施、设备应当与产品性质和生产规模相适应；用于质量检验的主要设备、仪器，应当按规定要求进行性能确认和校验。

第一百三十一条　用于检验用的中药材、种子种苗或其他繁殖材料，应当按批取样和留样：

（一）保证取样和留样的代表性；

（二）中药材留样包装和存放环境应当与中药材储存条件一致，并保存至该批中药材保质期届满后三年；

（三）中药材种子留样环境应当能够保持其活力，保存至生产基地中药材收获后三年；种苗或药用动物繁殖材料依实际情况确定留样时间；

（四）检验记录应当保留至该批中药材保质期届满后三年。

第一百三十二条　委托检验时，委托方应当对受托方进行检查或现场质量审计，调阅或者检查记录和样品。

第十二章　内　审

第一百三十三条　企业应当定期组织对本规范实施情况的内审，对影响中药材质量的关键数据定期进行趋势分析和风险评估，确认是否符合本规范要求，采取必要改进措施。

第一百三十四条　企业应当制定内审计划，对质量管理、机构与人员、设施设备与工具、生产基地、种子种苗或其他繁殖材料、种植与养殖、采收与产地加工、包装放行与储运、文件、质量检验等项目进行检查。

第一百三十五条 企业应当指定人员定期进行独立、系统、全面的内审，或者由第三方依据本规范进行独立审核。

第一百三十六条 内审应当有记录和内审报告；针对影响中药材质量的重大偏差，提出必要的纠正和预防措施。

第十三章 投诉、退货与召回

第一百三十七条 企业应当建立投诉处理、退货处理和召回制度。

第一百三十八条 企业应当建立标准操作规程，规定投诉登记、评价、调查和处理的程序；规定因中药材缺陷发生投诉时所采取的措施，包括从市场召回中药材等。

第一百三十九条 投诉调查和处理应当有记录，并注明所调查批次中药材的信息。

第一百四十条 企业应当指定专人负责组织协调召回工作，确保召回工作有效实施。

第一百四十一条 应当有召回记录，并有最终报告；报告应对产品发运数量、已召回数量以及数量平衡情况予以说明。

第一百四十二条 因质量原因退货或者召回的中药材，应当清晰标识，由质量部门评估，记录处理结果；存在质量问题和安全隐患的，不得再作为中药材销售。

第十四章 附 则

第一百四十三条 本规范所用下列术语的含义是：

（一）中药材

指来源于药用植物、药用动物等资源，经规范化的种植（含生态种植、野生抚育和仿野生栽培）、养殖、采收和产地加工后，用于生产中药饮片、中药制剂的药用原料。

（二）生产单元

基地中生产组织相对独立的基本单位，如一家农户，农场中一个相对独立的作业队等。

（三）技术规程

指为实现中药材生产顺利、有序开展，保证中药材质量，对中药材生产的基地选址，种子种苗或其他繁殖材料，种植、养殖，野生抚育或者仿野生栽培，采收与产地加工，包装、放行与储运等所做的技术规定和要求。

（四）道地产区

该产区所产的中药材经过中医临床长期应用优选，与其他地区所产同种中药材相比，品质和疗效更好，且质量稳定，具有较高知名度。

（五）种子种苗

药用植物的种植材料或者繁殖材料，包括籽粒、果实、根、茎、苗、芽、叶、花等，以及菌物的菌丝、子实体等。

（六）其他繁殖材料

除种子种苗之外的繁殖材料，包括药用动物供繁殖用的种物、仔、卵等。

（七）种质

生物体亲代传递给子代的遗传物质。

（八）农业投入品

生产过程中所使用的农业生产物资，包括种子种苗或其他繁殖材料、肥料、农药、农膜、兽药、饲料和饲料添加剂等。

（九）综合防治

指有害生物的科学管理体系，是从农业生态系统的总体出发，根据有害生物和环境之间的关系，充分发挥自然控制因素的作用，因地制宜、协调应用各种必要措施，将有害生物控制在经济允许的水平以下，以获得最佳的经济、生态和社会效益。

（十）产地加工

中药材收获后必须在产地进行连续加工的处理过程，包括拣选、清洗、去除非药用部位、干燥及其他特殊加工等。

（十一）生态种植

应用生态系统的整体、协调、循环、再生原理，结合系统工程方法设计，综合考虑经济、生态和社会效益，应用现代科学技术，充分应用能量的多级利用和物质的循环再生，实现生态与经济良性循环的中药农业种植方式。

（十二）野生抚育

在保持生态系统稳定的基础上，对原生境内自然生长的中药材，主要依靠自然条件、辅以轻微干预措施，提高种群生产力的一种生态培育模式。

（十三）仿野生栽培

在生态条件相对稳定的自然环境中，根据中药材生长发育习性和对环境条件的要求，遵循自然法则和生物规律，模仿中药材野生环境和自然生长状态，再现植物与外界环境的良好生态关系，实现品质优良的中药材生态培育模式。

（十四）批

同一产地且种植地、养殖地、野生抚育或者仿野生栽培地的生态环境条件基本一致，种子种苗或其他繁殖材料来源相同，生产周期相同，生产管理措施基本一致，采收期和产地加工方法基本一致，质量基本均一的中药材。

（十五）放行

对一批物料或产品进行质量评价后，做出批准使用、投放市场或者其他决定的操作。

（十六）储运

包括中药材的储存、运输等。

（十七）发运

指企业将产品发送到经销商或者用户的一系列操作，包括配货、运输等。

（十八）标准操作规程

也称标准作业程序，是依据技术规程将某一操作的步骤和标准，以统一的格式描述出来，用以指导日常的生产工作。

第一百四十四条　本规范自发布之日起施行。

附录2　河南省中药材产地趁鲜切制加工指导原则

一、适用范围

本指导原则适用于河南省中药材产地趁鲜切制加工企业的加工管理和质量控制的全过程。

二、总体要求

中药材产地加工与中药饮片的质量密切相关，直接关系药品生产企业发展和群众用药安全，产地加工企业应当对其质量和工艺流程严格控制。中药材来源应当符合国家标准或省级标准的相应规定，加工、干燥等应当按照加工工艺规程进行，在加工、干燥、包装、储藏、运输过程中，应当采取措施控制污染，防止变质，避免交叉污染、混淆、差错。

三、人员要求

（一）产地加工企业应当配备相应的管理和技术人员，管理和技术人员应当具有3年以上中药材加工经验、具备鉴别中药材真伪优劣的能力，并具备配合企业落实药品质量管理要求的能力。

（二）应当有专人负责培训管理工作，培训的内容应当包括中药专业知识、岗位技能和相关法律法规等。

（三）患有传染病、渗出性皮肤病以及其他可能污染中药材的疾病者，或对加工的药材有过敏者，不得从事中药材的加工作业。

四、选址要求

产地加工企业应当设置在中药材规范化种植规模较大且相对集中的区域，符合消防、环保等要求。应当远离污染源，整洁卫生，且交通便利。厂区的地面、路面及运输等不应当对药材的加工造成污染。生活区和加工区应当相对独立。

五、加工车间与设施要求

（一）车间与设施应当按加工工艺流程合理布局，并设置与其加工规模相适应的净制、切制、干燥等操作间。

（二）车间地面、墙壁、天棚等内表面应当平整，易于清洁，不易产生脱落物，不易滋生霉菌；应当有防止昆虫或其他动物等进入的设施，灭鼠药、杀虫剂、烟熏剂等不得对设备、物料、产品造成污染。

（三）具备与加工规模相适应的硬化晾晒场或与加工品种相适应的烘干设备或者烘房，应当有防止昆虫、鸟类或者啮齿类动物等进入的设施。

（四）配备有适当的设施监控温、湿度，防止鲜切药材在运输和仓储的过程中生虫、发霉、变质。

（五）仓库应当设置有足够的存放区域与留样室，避免产品混淆和交叉污染。

六、设备要求

（一）应根据中药材的不同特性，选用能满足加工工艺要求的设备。

（二）与中药材直接接触的设备、工具、容器应当易清洁消毒，不易产生脱落物，不对鲜切药材质量产生不良影响。

七、包装与运输要求

（一）鲜切药材应当有规范的包装和标签，并有质量合格标识。应当选用能保证其储存和运输期间质量的包装材料或容器，直接接触的包装材料应当至少符合食品包装材料标准。

（二）包装必须印有或者贴有标签，标签需注明品名、规格、数量、产地、采收日期、生产批号、加工日期、储藏条件、企业名称等信息。

（三）运输过程应当采取有效可靠的措施，防止发生混淆、污染、异物混入、包装破损、雨雪淋湿等情况，保证中药材质量稳定。

八、文件管理要求

（一）应当具有相应的趁鲜切制加工产品质量标准和工艺文件以及包括人

员管理、原料管理、加工过程管理、仓储管理等制度文件。

（二）应当对中药材产地加工和包装的全过程和质量控制情况进行记录，批记录至少包括以下内容：中药材的名称、批号、投料量及投料记录；净制、切制、干燥工艺的设备编号；加工前的检查和核对的记录；各工序的加工操作记录；清场记录等。

（三）质量标准、工艺文件以及管理制度等文件应长期保存，批记录保存至产品保质期后一年，未制定保质期的至少保存三年。

九、加工管理要求

（一）进入加工区的人员应当更衣、洗手，从事对人有毒、有害操作的人员应按规定采取防护和保障措施。

（二）应当使用达标生活饮用水清洗中药材，用过的水不得用于清洗其他中药材。不同的中药材不得同时在同一容器中清洗、浸润。

（三）清洗后的中药材不得直接接触地面。晾晒过程应当采取有效的防虫、防雨等防污染措施。

（四）在同一操作间内同时进行不同品种、规格的鲜切药材生产操作应当采取防止交叉污染的隔离措施。

（五）加工过程中不得加入漂白剂、杀虫剂等药剂，不应滥用硫黄熏蒸。采用燃煤等作为热源的烘干方式，烟气不得直接与中药材接触。

（六）以中药材投料日期作为加工日期。可追溯且品质均一的一定数量成品确定为同一批次。

十、质量控制与管理要求

（一）产地加工企业应当对中药材质量和来源进行监督和控制。

（二）产地加工企业应当根据中药材的特性，制定加工工艺规程与技术要求，对加工过程进行工艺验证，工艺流程技术包括净制、切制和干燥。对于协议委托加工的，应由委托方制定管理文件，受托方执行管理文件。

（三）产地加工企业应当制定鲜切药材检验标准，该标准应当不低于同品种中药材、中药饮片的法定检验标准。对于协议委托加工的，应由委托方制定检验标准，受托方执行该标准检验合格方可放行。

（四）产地加工企业应当对鲜切药材按规定进行留样。留样量至少应为两倍检验量。留样时间至少为放行后一年。

附录3　河南省道地药材目录（第一批）

序号	药材名称	基　源	产　区
1	艾叶	菊科植物艾 *Artemisia argyi* Lévl.et Vant. 的干燥叶	全省各地均有分布，重点产区在桐柏县、汝阳县、汤阴县、沁阳县、南召县、淅川县、叶县、社旗县、确山县、平桥区、罗山县、商城县、卧龙区、方城县、唐河县、镇平县、内乡县、邓州市、宛城区、鲁山县、卢氏县、洛宁县、宜阳县、伊川县、林州市、修武县、辉县市、上蔡县、淇滨区、新安县、济源市、禹州市等
2	山药	薯蓣科植物薯蓣 *Dioscorea opposita* Thunb. 的干燥根茎	焦作市、济源市、获嘉县、封丘县、清丰县、南乐县、虞城县、鹿邑县、郸城县、淮阳区、沈丘县、原阳县、灵宝市等
3	怀地黄	玄参科植物地黄 *Rehmannia glutinosa* Libosch. 的新鲜或干燥块根	焦作市、济源市、获嘉县、新乡县、原阳县等
4	连翘	木犀科植物连翘 *Forsythia suspensa* （Thunb.）Vahl 的干燥果实	伏牛山区、太行山区、大别山区均有分布，重点产区在卢氏县、辉县市、嵩县、栾川县、林州市、灵宝市、南召县、西峡县、洛宁县、济源市、叶县、鲁山县、确山县、桐柏县、渑池县、陕州区、禹州市、修武县、中站区、淅川县、汝阳县、登封市、光山县等

序号	药材名称	基 源	产 区
5	金银花	忍冬科植物忍冬 *Lonicera japonica* Thunb. 的干燥花蕾或带初开的花	全省各地均有分布，重点产区在新密市、封丘县、淅川县、内乡县、社旗县、邓州市、登封市、荥阳市、辉县市、禹州市、濮阳县、清丰县、南乐县、台前县、淮滨县、杞县、淇县、原阳县、灵宝市、渑池县、遂平县、西平县、召陵区、确山县等
6	牛至	唇形科植物牛至 *Origanum vulgare* L. 的干燥全草	伏牛山区、大别山区均有分布，重点产区在社旗县、叶县、鲁山县、光山县、平桥区、嵩县、罗山县、灵宝市、渑池县、陕州区、镇平县、唐河县、淅川县、方城县、确山县、泌阳县等
7	丹参	唇形科植物丹参 *Salvia miltiorrhiza* Bge. 的干燥根和根茎	全省各地均有分布，重点产区在渑池县、方城县、登封市、南召县、淅川县、社旗县、西峡县、邓州市、新安县、汝阳县、嵩县、宜阳县、洛宁县、伊川县、卢氏县、济源市、灵宝市、荥阳市等
8	夏枯草	唇形科植物夏枯草 *Prunella vulgaris* L. 的干燥果穗	大别山区有分布，重点产区在确山县、桐柏县、泌阳县、平桥区、舞钢市、新县、光山县、罗山县、浉河区等
9	杜仲	杜仲科植物杜仲 *Eucommia ulmoides* Oliv. 的干燥树皮	伏牛山区、大别山区均有分布，重点产区在灵宝市、汝阳县、南召县、镇平县、内乡县、新安县、鲁山县、郏县、卢氏县、罗山县、确山县、禹州市、荥阳市等
10	山茱萸	山茱萸科植物山茱萸 *Cornus officinalis* Sieb. et Zucc. 的干燥成熟果肉	伏牛山区及济源市有分布，重点产区在西峡县、南召县、内乡县、嵩县、新安县、汝阳县、栾川县、卢氏县、鲁山县、淅川县等

序号	药材名称	基　源	产　区
11	菊花	菊科植物菊 *Chrysanthemum morifolium* Ramat. 的干燥头状花序	焦作市、济源市、获嘉县、新乡县、原阳县、方城县、邓州市、内乡县、宜阳县、确山县、虞城县、夏邑县、鹿邑县、郸城县、平桥区、光山县等
12	怀牛膝	苋科植物牛膝 *Achyranthes bidentata* Bl. 的干燥根	焦作市、济源市、获嘉县、新乡县、原阳县等
13	白术	菊科植物白术 *Atractylodes macrocephala* Koidz. 的干燥根茎	全省各地均有分布，重点产区在郸城县、鹿邑县、龙亭区、方城县、禹州市、泌阳县、永城市、虞城县、鲁山县、夏邑县、南召县、卧龙区、淅川县等
14	柴胡	伞形科植物柴胡 *Bupleurum chinense* DC. 的干燥根	全省各地均有分布，重点产区在嵩县、渑池县、辉县市、卧龙区、新安县、栾川县、卢氏县、陕州区、灵宝市、禹州市、登封市、荥阳市、济源市、淅川县、南召县等
15	板蓝根	十字花科植物菘蓝 *Isatis indigotica* Fort. 的干燥根	全省各地均有分布，重点产区在原阳县、太康县、渑池县、陕州区、辉县市、卢氏县、灵宝市、新安县、嵩县、方城县、内乡县、林州市、郸城县、荥阳市、淅川县等
16	禹白芷	伞形科植物白芷 *Angelica dahurica*（Fisch.ex Hoffm.）Benth.et Hook.f. 的干燥根	全省各地均有分布，重点产区在禹州市、虞城县、夏邑县、郸城县、太康县、淅川县等
17	桔梗	桔梗科植物桔梗 *Platycodon grandiflorum*（Jacq.）A.DC. 的干燥根	全省各地均有分布，重点产区在桐柏县、商城县、嵩县、光山县、辉县市、卢氏县、淅川县、西峡县、内乡县、确山县等

序号	药材名称	基 源	产 区
18	白芍	毛茛科植物芍药 *Paeonia lactiflora* Pall. 的干燥根	全省各地均有分布,重点产区在虞城县、夏邑县、郸城县、鹿邑县、柘城县、永城市、睢阳区、确山县、南召县、淅川县等
19	黄芩	唇形科植物黄芩 *Scutellaria baicalensis* Georgi 的干燥根	太行山区、伏牛山区均有分布,重点产区在卢氏县、渑池县、陕州区、辉县市、新安县、灵宝市、嵩县、淅川县、南召县、荥阳市等
20	苍术	菊科植物茅苍术 *Atractylodes lancea* (Thunb.) DC. 或北苍术 *Atractylodes chinensis* (DC.) Koidz. 的干燥根茎	大别山区、伏牛山区、太行山区均有分布,重点产区在光山县、浉河区、商城县、新县、罗山县、平桥区、西峡县、卢氏县、嵩县、灵宝市、南召县、辉县市等
21	何首乌	蓼科植物何首乌 *Polygonum multiflorum* Thunb. 的干燥块根	伏牛山区、大别山区、太行山区和黄淮海平原均有分布,重点产区在登封市、新密市、夏邑县、柘城县、嵩县、伊川县、南召县、荥阳市等
22	黄精	百合科植物黄精 *Polygonatum sibiricum* Red. 或多花黄精 *Polygonatum cyrtonema* Hua 的干燥根茎	黄精分布于伏牛山区、太行山区、大别山区,重点产区在南召县、卢氏县、嵩县、西峡县、内乡县、栾川县、禹州市、灵宝市、淅川县、荥阳市等;多花黄精分布于大别山区,重点产区在光山县、平桥区、新县、商城县等
23	红花	菊科植物红花 *Carthamus tinctorius* L. 的干燥花	全省各地均有分布,重点产区在焦作市、卫辉市、延津县、禹州市、永城市、虞城县、睢阳区、柘城县、荥阳市等

序号	药材名称	基　源	产　区
24	冬凌草	唇形科植物碎米桠 *Rabdosia rubescens*（Hemsl.）Hara 的干燥地上部分	太行山区、伏牛山区均有分布，重点产区在济源市、渑池县、洛宁县、淇县、淇滨区、辉县市、卫辉市、林州市等
25	西红花	鸢尾科植物番红花 *Crocus sativus* L. 的干燥柱头	黄淮海平原、伏牛山区、大别山区均有分布，重点产区在郸城县、永城市、南召县、淅川县、卧龙区等
26	半夏	天南星科植物半夏 *Pinellia ternata*（Thunb.）Breit. 的干燥块茎	大别山区、伏牛山区均有分布，重点产区在息县、唐河县、汝南县、南召县、平桥区、淅川县、卧龙区等
27	酸枣仁	鼠李科植物酸枣 *Ziziphus jujuba* Mill. var. spinosa（Bunge）Hu ex H. F. Chou 的干燥成熟种子	太行山区、伏牛山区均有分布，重点产区在辉县市、林州市、济源市、洛宁县、新安县、伊川县、南召县、登封市、荥阳市等
28	辛夷	木兰科植物望春花 *Magnolia biondii* Pamp. 的干燥花蕾	伏牛山区有分布，重点产区在南召县、鲁山县等
29	山楂	蔷薇科植物山楂 *Crataegus pinnatifida* Bge. 或山里红 *Crataegus pinnatifida* Bge. var. major N. E. Br. 的干燥成熟果实	太行山区、伏牛山区均有分布，重点产区在辉县市、林州市、济源市、修武县、中站区、南召县、淅川县等
30	白及	兰科植物白及 *Bletilla striata*（Thunb.）Reichb. f. 的干燥块茎	太行山区、伏牛山区均有分布，重点产区在卢氏县、西峡县、南召县、淅川县、内乡县、镇平县等

序号	药材名称	基　源	产　区
31	石斛	兰科植物曲茎石斛 *Dendrobium flexicaule* Z.H.Tsi,S.C.Sun et L.G.Xu、米斛 *Dendrobium huoshanense* C. Z. Tang et S. J. Cheng、河南石斛 *Dendrobium henanense* J. L. Lu et L. X. Gao 和伏牛山石斛 *Dendrobium funiushanense* T.B.Chao 的新鲜或干燥茎	伏牛山区、大别山区均有分布,重点产区在南召县、西峡县、内乡县、淅川县、卢氏县、栾川县、新县、鲁山县等
32	益母草	唇形科植物益母草 *Leonurus japonicus* Houtt. 的新鲜或干燥地上部分	全省各地均有分布,重点产区在嵩县、南召县、方城县、内乡县、卧龙区、确山县、灵宝市、陕州区等
33	瓜蒌	葫芦科植物栝楼 *Trichosanthes kirilowii* Maxim. 的干燥成熟果实	全省各地均有分布,重点产区在林州市、殷都区、镇平县、新蔡县、新县、商城县、光山县、平桥区等
34	皂角刺	豆科植物皂荚 *Gleditsia sinensis* Lam. 的干燥棘刺	全省各地均有分布,重点产区在嵩县、确山县、新安县、宜阳县、洛宁县、汝阳县、南召县、鲁山县等
35	猫爪草	毛茛科植物小毛茛 *Ranunculus ternatus* Thunb. 的干燥块根	大别山区有分布,重点产区在淮滨县、息县、固始县、潢川县、确山县等
36	百蕊草	檀香科植物百蕊草 *Thesium chinense* Turcz. 的全草	确山县、泌阳县、方城县、栾川县、光山县等

序号	药材名称	基　源	产　区
37	白花蛇舌草	茜草科植物白花蛇舌草 *Hedyotis diffusa* Willd. 的全草	确山县、汝南县等
38	野菊花	菊科植物野菊花 *Chrysanthemum indicum* L. 的干燥头状花序	大别山区、伏牛山区、太行山区均有分布，重点产区在南召县、商城县、光山县、新县、罗山县、浉河区、确山县、桐柏县、淅川县、内乡县、泌阳县、卧龙区等
39	徐长卿	萝藦科植物徐长卿 *Cynanchum paniculatum*（Bge.）Kitag. 的干燥根和根茎	确山县、泌阳县等
40	元胡	罂粟科植物延胡索 *Corydalis yanhusuo* W.T.Wang 的干燥块茎	郸城县、鹿邑县、淅川县、唐河县、卧龙区、邓州市、息县、罗山县、建安区等
41	大枣	鼠李科植物枣 *Ziziphus jujuba* Mill. 的成熟果实	新郑市、灵宝市、内黄县等
42	淫羊藿	小檗科植物淫羊藿 *Epimedium brevicornu* Maxim. 和箭叶淫羊藿 *Epimedium sagittatum*（Sieb.et Zucc.）Maxim. 的干燥地上部分	伏牛山区、大别山区、太行山区均有分布，重点产区在平舆县、灵宝市、卢氏县、桐柏县、确山县、西峡县、栾川县、辉县市、南召县、淅川县等
43	黑芝麻	脂麻科植物脂麻 *Sesamum indicum* L. 的干燥成熟种子	全省各地均有分布，重点产区在平舆县、项城市、郸城县、鹿邑县、淅川县、方城县、南召县、西峡县等

序号	药材名称	基 源	产 区
44	天麻	兰科植物天麻 *Gastrodia elata* Bl. 的干燥块茎	伏牛山区、大别山区均有分布,重点产区在商城县、卢氏县、南召县、西峡县、嵩县、方城县、内乡县、新县、栾川县、确山县、泌阳县等
45	猪苓	多孔菌科真菌猪苓 *Polyporus umbellatus*(Pers.)Fries 的干燥菌核	嵩县、南召县、卢氏县、西峡县等
46	茯苓	多孔菌科真菌茯苓 *Poria cocos*(Schw.)Wolf 的干燥菌核	商城县、卢氏县、新县、鲁山县、确山县等
47	鹅不食草	菊科植物石胡荽 *Centipeda minima*(L.)A. Br. et Aschers. 的干燥全草	确山县、泌阳县等
48	蝉蜕	蝉科昆虫黑蚱 *Cryptotympana pustulata* Fabricius 羽化后的蜕壳	产于全省各地,重点产区在尉氏县、中牟县、兰考县、宁陵县、民权县、郸城县、虞城县等
49	全蝎	钳蝎科动物东亚钳蝎 *Buthus martensii* Karsch 的干燥体	伏牛山区、太行山区、大别山区均有分布,重点产区在禹州市、南召县、确山县、嵩县、荥阳市、内乡县、延津县等
50	禹余粮	氢氧化物类矿物褐铁矿,主含碱式氧化铁 [FeO(OH)]	禹州市等

参考文献

［1］ 曹雪晓，任晓亮，王萌，等．中药材及饮片规格等级质量标准研究进展［J］．中药材，2021，44（02）：490-494．

［2］ 陈随清．常见中药材生产管理技术［M］．郑州：中原农民出版社，2022．

［3］ 陈学新，杜永均，黄健华，等．我国作物病虫害生物防治研究与应用最新进展［J］．植物保护，2023，49（05）：340-370．

［4］ 崔玲．神农本草经［M］．天津：天津古籍出版社，2009．

［5］ 冯耀南．中药材商品规格质量鉴别［M］．广州：暨南大学出版社，1995．

［6］ 高月，徐江，郭笑彤，等．药用植物根结线虫病害及防治策略［J］．中国中药杂志，2016，41（15）：2762-2767．

［7］ 戈峰，吴孔明，陈学新．植物－害虫－天敌互作机制研究前沿［J］．应用昆虫学报，2011，48（01）：1-6．

［8］ 郭兰萍，黄璐琦．中药生态农业［M］．上海：上海科学技术出版社，2022．

［9］ 郭巧生．药用植物栽培学：第3版［M］．北京：高等教育出版社，2019．

［10］ 郭巧生．药用植物资源学：第2版［M］．北京：高等教育出版社，2017．

［11］ 国家药典委员会．中华人民共和国药典（2020年版）：一部［M］．北京：中国医药科技出版社，2020．

［12］ 国家中医药管理局《中华本草》编委会．中华本草［M］．上海：上海科学技术出版社，1999．

［13］ 胡滇碧．中药材实用栽培技术［M］．昆明：云南大学出版社，2015．

［14］ 黄璐琦，陈敏，李先恩．中药材种子种苗标准研究［M］．北京：中国医药科技出版社，2019．

［15］ 黄璐琦，王升，郭兰萍．优质中药材种植全攻略［M］．北京：中国农业出版社，2021．

［16］ 黄璐琦，詹志来，郭兰萍.中药材商品规格等级标准汇编：全2册［M］.北京：中国中医药出版社，2019.

［17］ 黄璐琦.常用中药材历史产区地图考［M］.上海：上海科学技术出版社，2020.

［18］ 黄璐琦.新编中国药材学：第八卷［M］.北京：中国医药科技出版社，2020.

［19］ 黄璐琦.中药材生产加工适宜技术丛书［M］.北京：中国医药科技出版社，2018.

［20］ 李军德，黄璐琦，曲晓波.中国药用动物志：第2版［M］.福州：福建科学技术出版社，2013.

［21］ 李明.牛至质量标准研究［D］.乌鲁木齐：新疆医科大学，2014.

［22］ 刘迪，于丹，吴军凯，等.药用植物链格孢属真菌病害及其防治的研究进展［J］.现代中药研究与实践，2018，32（01）：80-83.

［23］ 刘芫汐，辜冬琳，苟琰，等.中药材种植中农药使用情况及残留现状分析［J］.中国药事，2022，36（05）：503-510.

［24］ 刘子曦，李鸿翔，冯澳，等.复杂环境下的植物病害识别新型研究［J］.计算机技术与发展，2021，31（11）：202-207.

［25］ 龙兴超，郭宝林.200种中药材商品电子交易规格等级标准［M］.北京：中国医药科技出版社，2017.

［26］ 南京中医药大学.中药大辞典［M］.上海：上海科学技术出版社，2006.

［27］ 艾铁民.中国药用植物志：第4卷［M］.北京：北京大学医学出版社，2015.

［28］ 彭成.中华道地药材［M］.北京：中国中医药出版社，2011.

［29］ 曲彦达，刘文钰.浅谈植物细菌诊断技术［J］.广东蚕业，2021，55（03）：69-70.

［30］ 王福，陈士林，刘友平，等.我国中药材种植产业进展与展望［J］.中国现代中药，2023，25（06）：1163-1171.

［31］ 王国强.全国中草药汇编：第1~4卷［M］.北京：人民卫生出版社，2014.

［32］ 王健，杨秋生.河南植物志：补修编［M］.郑州：河南科学技术出版社，2019.

［33］ 王科,刘芳,蔡磊.中国农业植物病原菌物常见种属名录［J］.菌物学报,
2022,41（03）:361-386.

［34］ 王满恩,赵昌.饮片验收经验［M］.太原:山西科学技术出版社,2019.

［35］ 王品舒,岳瑾,王建泉,等.北京药用植物植保现状和问题及发展对策［J］.
中国植保导刊,2017,37（07）:87-89.

［36］ 魏建和,王文全,王秋玲,等.《中药材生产质量管理规范》修订背景及主
要修订内容［J］.中国现代中药,2022,24（05）:743-751.

［37］ 温建军.植物病害防治中减少化学农药的研究［J］.植物学报,2022,57
（04）:553.

［38］ 吴孔明,陆宴辉,王振营.我国农业害虫综合防治研究现状与展望［J］.昆
虫知识,2009,46（06）:831-836.

［39］ 奚云红.植物病害分类及其防治措施［J］.云南农业科技,2021,（05）:27.

［40］ 萧玉涛,吴超,吴孔明.中国农业害虫防治科技70年的成就与展望［J］.应
用昆虫学报,2019,56（06）:1115-1124.

［41］ 肖培根,连文琰.中药植物原色图鉴［M］.北京:中国农业出版社,1999.

［42］ 肖伟,冯全,张建华,等.基于小样本学习的植物病害识别研究［J］.中国
农机化学报,2021,42（11）:138-143.

［43］ 谢联辉.农业绿色生产与病害生态调控［J］.植物医学,2022,1（01）:1-4.

［44］ 杨铁钢,夏伟,腊贵晓.常见中药材鉴别［M］.郑州:中原农民出版社,2024.

［45］ 姚入宇,陈兴福,孟杰,等.药用植物GAP生产的病害绿色防控发展策略
［J］.中国中药杂志,2012,37（15）:2242-2246.

［46］ 余中莲,杨娟,雷美艳,等.药用植物锈病研究现状与展望［J］.中国中药
杂志,2021,46（14）:3566-3576.

［47］ 袁青松,高彦平,周涛.药用植物病害绿色防控与产品开发课程的建设［J］.
中国中医药现代远程教育,2024,22（13）:187-190.

［48］ 张飞,李开言,朱庆军,等.河南中药材产业现状探讨及高质量发展建议
［J］.中医药管理杂志,2022,30（17）:4-6.

［49］ 张贵君.现代中药材商品通鉴［M］.北京：中国中医药出版社，2001.

［50］ 张洁，樊志民，张兴.中国植物源杀虫剂发展历程研究［M］.杨凌：西北农林科技大学出版社，2017.

［51］ 张靖童，张申申，郑丽文，等.氮素调控植物病害发生机制的研究进展［J］.植物科学学报，2024，42（03）：404-414.

［52］ 张钧，丁兆斌.河南省中药材产业的发展现状、存在问题及对策［J］.河南农业，2022，（31）：53-54.

［53］ 张树权，修国辉.中药材种植技术100问［M］.北京：中国农业科学技术出版社，2021.

［54］ 张帅，尹姣，曹雅忠，等.药用植物地下害虫发生现状与无公害综合防治策略［J］.植物保护，2016，42（03）：22-29.

［55］ 张义珠，于红卫.牛至扦插育苗栽培技术［J］.河南农业，2023，（25）：14.

［56］ 张永清.药用植物栽培学［M］.北京：中国中医药出版社，2021.

［57］ 赵家靖，向增旭.设施栽培技术在中药材产业的应用与发展［J］.农业工程技术，2021，41（13）：40-45.

［58］ 赵中华，朱晓明，刘万才.我国药用植物病虫害绿色防控面临的挑战和机遇［J］.中国植保导刊，2020，40（09）：103-106，110.

［59］ 郑子桢，李秀娟，周伟，等.微生物菌剂在药用植物病害防治中的应用进展［J］.浙江农业科学，2024，65（05）：1236-1241.

［60］ 中国科学院中国植物志编辑委员会.中国植物志：第1卷　总论［M］.北京：科学出版社，2004.

［61］ 钟赣生，杨柏灿.中药学：新世纪第五版［M］.北京：中国中医药出版社，2021.

［62］ 钟宛凌，张子龙.我国药用植物轮作模式研究进展［J］.中国现代中药，2019，21（05）：677-683.

［63］ 周祥，耿月锋，苏平.植物保护理论分析及其技术发展前沿探究［M］.杨凌：西北农林科技大学出版社，2019.

［64］周重建，魏献波，马华.新版国家药典中药彩色图鉴［M］.太原：山西科学技术出版社，2016.

［65］朱晓富，卢圣鄂，卓维，等.不同产地牛至化学成分比较研究［J］.中国野生植物资源，2022，41（07）：26-31.